中等职业教育电子类专业系列教材

U0453691

电气技术专业技能

DIANQI JISHU ZHUANYE JINENG

主　编　杨清德　彭　超　樊　迎

副主编　罗坤林　李国清　付　玲

主　审　周永平

参　编　丁汝铃　孙广杰　宋文超　杨　波　柯昌静
　　　　杨和融　张　尧　杨　松　李建芬

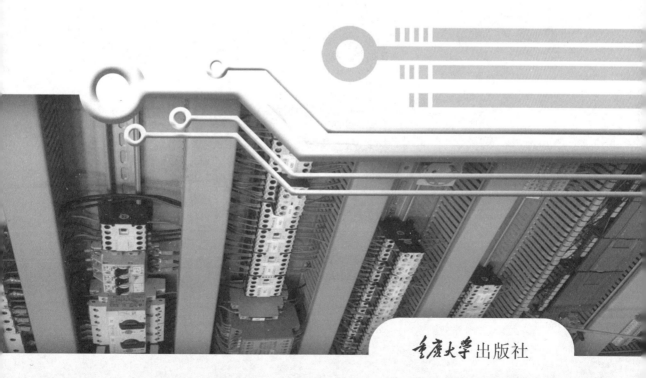

重庆大学出版社

内容提要

本书依据技能高考电气技术专业技能测试考试说明编写,内容包括职业素养与安全文明、电气图识读、常用电工工具使用、常用电工材料选用、常用电工仪表使用、常用低压电器识别与选用、照明与插座电路装调测、三相异步电动机控制电路装调测和技能考试模拟试题。

本书重视基础知识,将理论与技能有机融合,聚焦考点,并配有操作视频,实战指导性强。

本书可作为电气专业对口高考班学生的技能教材,也适合中职一、二年级就业班学生使用,还可作为社会人员技能培训、技能等级证考试、专项能力评价技能考核和广大电工爱好者使用。

图书在版编目(CIP)数据

电气技术专业技能 / 杨清德,彭超,樊迎主编. --
. --重庆:重庆大学出版社,2023.8
中等职业教育电子类专业系列教材
ISBN 978-7-5689-4041-2

Ⅰ.①电… Ⅱ.①杨… ②彭… ③樊… Ⅲ.①电工技
术—中等专业学校—教材 Ⅳ.①TM

中国国家版本馆 CIP 数据核字(2023)第 140659 号

中等职业教育电子类专业系列教材
电气技术专业技能

主 编 杨清德 彭 超 樊 迎
副主编 罗坤林 李国清 付 玲
策划编辑 陈一柳

责任编辑:陈一柳 版式设计:黄俊棚
责任校对:关德强 责任印制:赵 晟

*

重庆大学出版社出版发行
出版人:陈晓阳
社址:重庆市沙坪坝区大学城西路 21 号
邮编:401331
电话:(023) 88617190 88617185(中小学)
传真:(023) 88617186 88617166
网址:http://www.cqup.com.cn
邮箱:fxk@ cqup.com.cn(营销中心)
全国新华书店经销
重庆长虹印务有限公司印刷

*

开本:787mm×1092mm 1/16 印张:13.25 字数:316 千
2023 年 8 月第 1 版 2023 年 8 月第 1 次印刷
印数:1—3 000
ISBN 978-7-5689-4041-2 定价:35.00 元

重庆市中职电类专业教材编写/修订委员会和成员单位

名 单

编委会主任：

周永平 重庆市教育科学研究院研究员、教研员

编委会副主任：

杨清德 重庆市垫江县职业教育中心研究员、重庆市教学专家

赵争召 重庆市渝北职业教育中心正高级讲师、重庆市教学专家

编委会委员（按姓氏拼音首字母排序）：

蔡贤东　陈永红　陈天婕　程时鹏　代云香　邓亚丽　邓银伟　方承余　方志兵

樊　迎　冯华英　范文敏　付　玲　龚万梅　胡荣华　胡善淼　黄　勇　金远平

柯昌静　况建平　鞠　红　李　杰　李　玲　李命勤　李　伟　李锡金　李登科

李国清　练富家　廖连荣　林　红　刘晓书　卢　娜　鲁世金　罗坤林　吕盛成

马　力　倪元兵　聂广林　彭　超　彭明道　彭贞蓉　蒲　业　邱　雪　冉小平

孙广杰　宋文超　石　波　谭家政　谭云峰　谭登杰　唐万春　唐国雄　王　函

王康朴　王　然　王永柱　王　莉　韦采风　吴春燕　吴吉芳　吴建川　吴　炼

吴　围　吴　雄　向　娟　熊亚明　徐　波　徐立志　杨　芳　杨　鸿　杨　敏

杨卓荣　杨和融　杨　波　姚声阳　易祖全　袁金刚　袁中炬　殷　菌　张　川

张秀坚　张　燕　张　尧　张波涛　张正健　张　权　赵顺洪　郑　艳　周　键

周诗明

成员单位（排名不分先后）：

重庆市教育科学研究院　　　　　　　　　　重庆市渝北职业教育中心

重庆市垫江县职业教育中心　　　　　　　　重庆市涪陵区职业教育中心

重庆市万州职业教育中心　　　　　　　　　重庆工商学校

重庆永川区职业教育中心　　　　　　　　　重庆市丰都县职业教育中心

重庆市石柱土家族自治县职业教育中心　　　重庆市垫江第一职业中学校

重庆市九龙坡区职业教育中心	重庆市农业机械化学校
重庆市育才职业教育中心	重庆市江南职业学校
重庆巫山县职业教育中心	重庆市经贸中等专业学校
重庆市云阳职业教育中心	重庆市轻工业学校
重庆市梁平职业教育中心	重庆市黔江区民族职业教育中心
重庆彭水县职业教育中心	重庆武隆区职业教育中心
重庆市荣昌区职业教育中心	重庆綦江区职业教育中心
重庆市潼南恩威职业高级中学校	重庆市铜梁职业教育中心
重庆市龙门浩职业中学校	重庆市开州区职业教育中心
重庆市奉节职业教育中心	重庆市南川隆化职业中学校
重庆秀山县职业教育中心	重庆市巫溪县职业教育中心
重庆市北碚职业教育中心	重庆市万盛职业教育中心
重庆市城口县职业教育中心	重庆市大足职业教育中心
重庆市潼南职业教育中心	重庆市忠县职业教育中心
重庆梁平职业技术学校	重庆市巴南职业教育中心
重庆市涪陵第一职业中学校	重庆市酉阳职业教育中心
重庆立信职业教育中心	重庆璧山职业教育中心
重庆市万州高级技工学校	重庆市武隆火炉中学
重庆市武隆平桥中学	重庆市綦江区三江中学
重庆机械高级技工学校	重庆公共交通职业学校

前　言

《中华人民共和国职业教育法》指出：职业教育是与普通教育具有同等重要地位的教育类型。国家已将中等职业教育的定位从单纯"以就业为导向"转变为"就业与升学并重"，并决定进一步扩大职业本科教育，"职教高考"将成为中职生有机会和普高生一样考本科、读研究生的招考形式。为了进一步抓好符合职业教育类型特点的"专业技能"考试，重庆市电类专业中心教研组和重庆市教学专家杨清德工作室组织工作室成员及市内优质学校骨干教师编写了《电气技术专业技能》。本书以任务为驱动，站在考生的视角来编写，将理论知识与技能操作有机融合，使广大学生可以全面系统、快速高效地提升电工操作技能。

本书具有如下特点：

1.基础为本，扣考点。本书依据重庆市高等职业教育分类考试电气技术类专业技能测试考试说明而编写，以考生为本，能力为上，聚焦考点，紧扣必考点与常考点。

2.理实一体，促动手。基础理论和基本技能是学好电子专业的基础，本书将理论与技能有机结合，以实训为主体，任务驱动，深入浅出地启发知识点、点拨技能点，让学生在"学中做，做中学"，增强学生学习趣味性，从而提高学习效果。

3.多元呈现，版式美。根据中职学生的身心特点，采取多种表现方式对内容进行阐述，本书大量运用图片、表格和微视频，从多角度进行讲解，尽量做到图、文、表相结合，充实内容，让书的带学促学作用得到充分发挥，非常实用。

4.强化技能，练本领。本书采用"项目—任务"体例编写，重点突出技能。以全真模拟技能高考题进行讲解，让每位学生熟悉考试的各环节，并配有操作演示视频，助力学生掌握操作方法，达到人人过关。

5.职业素养，保安全。本书项目一重点讲解职业素养与安全文明生产的基础知识，融入企业精神、质量意识、职业道德、团队合作、奉献精神等企业文化，同时强调实训操作中的安全意识，提升学生职业素养。

6.综合应用，涵盖广。本书内容从常用工具和仪器的识别与使用到电气控制电路的组装、调试与检测，还配有大量练习题、实训题，不仅适合电气技术类对口高考班学生使用,也适合就业班、社会技能培训、技能等级证考试和广大电工爱好者使用。

本书教学学时为 75 学时,其分配见下表。

项 目	内 容	建议学时	机 动
项目一	职业素养与安全文明	4	
项目二	电气图识读	4	
项目三	常用电工工具使用	4	1
项目四	常用电工材料选用	3	
项目五	常用电工仪表使用	4	1
项目六	常用低压电器识别与选用	12	1
项目七	照明与插座电路装调测	8	1
项目八	三相异步电动机控制电路装调测	16	4
项目九	技能考试模拟试题	9	3
合计		64	11

本书由杨清德、彭超、樊迎担任主编,罗坤林、李国清、付玲担任副主编,周永平研究员担任主审。其中,项目一由丁汝铃、付玲编写,项目二由付玲、孙广杰编写,项目三和项目四由李国清、宋文超编写,项目五由樊迎、杨波编写,项目六由彭超、樊迎、詹永安编写,项目七由樊迎、柯昌静编写,项目八由罗坤林、杨和融、詹永安编写,项目九由张尧、杨松、李建芬编写。本书由重庆市垫江县职业教育中心杨清德研究员负责制定编写大纲并统稿。

本书如阶梯,可助你步步向上;本书如山峰,可助你登顶览远方;本书如承载梦想的风帆,可助你在知识海洋畅游。

由于编者水平所限,教材中可能存在某些缺点和错误,恳请读者批评指正,意见反馈至邮箱 370169719@ qq.com,以利于我们改进和提高。

编 者

2023 年 2 月

Contents 目录

项目一

职业素养与安全文明

【项目导读】

　　安全为了生产，生产必须安全。企业要生存，必须依赖"安全"的拐杖。前车之鉴，后事之师。无数安全事故的教训表明，我们不缺安全生产的规范，不缺管理的方法，我们真正缺的是一种职业素养，尤其是职业道德、职业行为、职业作风和职业意识。

　　安全生产、文明操作的一些具体要求是在长期生产活动中的实践经验和血的教训的总结，要求操作者必须严格执行。

任务一　电工职业素养养成

【任务目标】

了解职业、职业生涯、职业素养和职业道德的含义。

能坚持参加社会实践,在实践中体验、训练和强化职业道德行为及习惯,养成良好的职业素养。

能够将一般工作岗位的职业要求内化为自身价值取向并实现自我提升。

【任务实施】

一、认识职业

职业是个人参与社会分工,利用专门的知识和技能,为社会创造物质财富和精神财富,获取合理报酬,作为物质生活来源,并满足精神需求的工作。

2021 年 3 月 18 日,人力资源和社会保障部发布了第四批新职业。

根据中国职业规划师协会定义,职业包含十个方向(生产、加工、制造、服务、娱乐、政治、科研、教育、农业、管理)。细化分类有 90 多个常见职业,如工人、农民、个体商人、公共服务人员、知识分子、管理人员、军人等。

第一产业:粮农、菜农、棉农、果农、瓜农、猪农、豆农、茶农、牧民、渔民、猎人等。

第二产业:瓦工、装配工、注塑工、折弯工、压铆工、投料工、物流运输工、普通操作工、喷涂工、力工、搬运工、缝纫工、司机、木工、电工、修理工、普工机员、屠宰工、清洁工、杂工等。企业制造多用黑领、蓝领来表示。

第三产业:公共服务业(大型或公办教育业、政治文化业、大型或公办医疗业、大型或公办行政业、管理业、军人、民族宗教、公办金融业、公办咨询收费业、公办事务所、大型粮棉油集中购销业、科研教育培训业、公共客运业、通信邮政业、通信客服业、影视事务所、声优动漫事务所、人力资源事务所、发行出版业、公办旅游文化业、文员白领、家政服务业)、个体商人(服务)业(座商)、盲人中医按摩业、个体药店、个体外卖、个体网吧、售卖商业、流动商贩、个体餐饮业、旅游住宿业、影视娱乐业、维修理发美容服务性行业、个体加工业、个体文印部、个体洗浴业、回收租赁业、流动副业等;综合服务业(房地产开发、宇宙开发业)等。

二、认识职业生涯与规划

职业生涯是指个体职业发展的历程,一般是指一个人终生经历的所有职业发展的整个历程。职业生涯是贯穿一生职业历程的漫长过程。科学地将职业生涯划分为不同的阶段,明确每个阶段的特征和任务,做好规划,对更好地从事自己的职业,实现确立的人生目标,非常重要。

职业生涯规划是指个人发展与组织发展相结合,对决定一个人职业生涯的主客观因素进行分析、总结和测定,确定一个人的事业奋斗目标,并选择实现这一事业目标的职业,编制相应的工作、教育和培训的行动计划,对每一步骤的时间、顺序和方向做出合理的安排。

职业生涯规划的期限,划分为短期规划、中期规划和长期规划。职业生涯规划四部曲如图1-1所示。

职业生涯诊断	生涯目标与标准	生涯发展策略	生涯实施管理
①自我分析 ②环境分析 ③关键成就因素分析 ④关键问题分析	①职业生涯发展周期 ②职业生涯发展目标 ③职业生涯成功标准	①职业生涯发展途径 ②职业生涯角色转换 ③职业生涯能力转换	①职业生涯发展方案 ②职业生涯发展文件

图1-1 职业生涯规划四部曲

(1)短期规划:一般为五年以内的规划,主要是确定当下的职业目标,规划完成的任务。

(2)中期规划:一般为五年至十年,规划三年至五年内的目标与任务。

(3)长期规划:其规划时间是十至二十年甚至以上,主要设定较长远的目标。

三、职业素养的重要性

职业化就是一种工作状态的标准化、规范化、制度化。职业素养是指职业内在的规范和要求,是在职业过程中表现出来的综合品质,包含职业道德、职业作风(意识)、职业行为习惯和职业技能四个方面,如图1-2所示。

图1-2 职业素养的构成

职业道德、职业作风(意识)、职业行为习惯是职业素养中最基础的部分,属于世界观、价值观、人生观范畴的产物。人从出生到退休甚至死亡逐步形成,逐渐完善。而职业技能是支撑职业人生的表象内容。

职业技能是通过学习、培训比较容易获得的。例如,计算机、英语、建筑等属职业技能范畴的技能,可以通过三年左右的时间让我们掌握入门技术,在实践运用中逐渐成熟而成为专家。

很多企业界人士认为，职业素养至少包含两个重要因素：敬业精神和合作的态度。敬业精神就是在工作中将自己作为公司的一部分，不管做什么工作一定要做到最好，发挥出实力，对于一些细小的错误一定要及时地改正。敬业不仅仅是吃苦耐劳，更重要的是"用心"去做好公司分配的每一份工作。态度是职业素养的核心，好的态度比如负责的、积极的、自信的、建设性的、欣赏的、乐于助人的等是决定成败的关键因素。敬业精神就是在工作中要将自己作为公司的一部分。

所以，职业素养是一个人职业生涯成败的关键因素。职业素养量化而成"职商"，英文"Career Quotient"，简称CQ。

四、职业素养的核心内容

1.职业信念

"职业信念"是职业素养的核心。那么良好的职业素养包含了哪些的职业信念呢？应该包含良好的职业道德、正面积极的职业心态和正确的职业价值观意识，这些都是一个成功职业人必须具备的核心素养。良好的职业信念应该是由爱岗、敬业、忠诚、奉献、正面、乐观、用心、开放、合作及始终如一等这些关键词组成。

2.职业知识技能

"职业知识技能"是做好一个职业应该具备的专业知识和能力。俗话说"三百六十行，行行出状元"，没有过硬的专业知识，没有精湛的职业技能，就无法把一件事情做好，就更不可能成为"状元"了。

所以，要把一件事情做好就必须持续不断地关注行业发展动态及未来的趋势走向，要有良好的沟通协调能力，懂得上传下达，左右协调，从而做到事半功倍，要有高效的执行力。研究发现：一个企业的成功30%靠战略，60%靠企业各层的执行力，只有10%的其他因素。中国人在世界上都是出了名的"聪明而有智慧"，中国人不缺少战略家，缺少的是执行者。执行力也是每个成功职场人必修炼的一种基本职业技能。还有很多需要修炼的基本技能，如职场礼仪、时间管理及情绪管控等，这里不一一罗列。

各个职业都有自己的知识技能，每个行业也有自己的知识技能。学习提升职业知识技能是为了让我们把事情做得更好。

3.职业行为习惯

职业素养就是在职场上通过长时间地"学习—改变—形成"并变成习惯的一种职场综合素质，在合适的时间、合适的地点，用合适的方式，说合适的话，做合适的事。

信念可以调整，技能可以提升。要让正确的信念、良好的技能发挥作用就需要不断的练习、练习、再练习，直到成为习惯，如图1-3所示。

职业素养要求养成四个良好的工作习惯：主动问好（见到客人或同事都主动问好），随手清理（工作后桌子整理干净，椅子放回原位；用过的工具、用具及时放回原位；地上有垃圾随手清理），勤于记录（客人讲到价值信息、上级开会布置工作、自己发现价值信息、

图 1-3 职业行为习惯养成示例

产生工作灵感时及时用笔记录下来;养成记工作笔记、总结或记日记的习惯),时时自检(工作结果完成后多次检查,保证将失误降到最低;晚上睡觉前检视自己一天的言行是否给他人带来困扰,有无可改进之处)。

五、中职学生职业素养的内涵

1.职业意识与态度养成——"我是一名光荣的劳动者"

职业技能是每一所职业学校课程中必不可少的学习环节与项目。根据近几年对中职毕业生的"就业稳定率"及"离职原因"调查统计,近50%的毕业生因为"工作太辛苦"而选择跳槽或放弃。因此,加强中职学生"我是一名光荣的劳动者"职业意识与态度养成至关重要。

职业态度已经成为越来越多用人单位招聘人才的重要标准,中职学校通过一系列教育活动,帮助学生树立正确的职业意识与态度,明确自己未来的职业定位,做好自己的职业生涯规划,自觉能动地将"我喜欢干什么""我愿意干什么"变为"社会及行业需要我干什么"。这对学生将来走上工作岗位,做好本职工作,最终实现人生价值都会起到积极的作用。职业精神在职业意识与态度方面的主要表现就是尊重劳动。

2.职业责任养成——"责任心,是职业人的第一个标签"

职业责任是指人们在一定职业活动中所承担的特定职责,它包括人们应该做的工作和应该承担的义务。作为中职学校的教育工作者,职业责任培养主要是指在学生心中建立起一种对个人、对他人、对社会负责任的信念。职业责任养成关键在于培养学生认识职业、认识职业的意义,确保学生所做的任何一项职业选择都是经过自己负责任的"认识与思考"的。

一般来说,责任感、专业技能、纪律观念是现代劳动者应具备的重要素质。其中责任感对专业技能的形成及能力的发挥,以及对纪律的遵从,都产生重要的制约作用。一项对600余家企业进行的调查结果显示:绝大部分企事业单位对青年就业人员的最大希望和要求是为人处世的能力和工作责任心。这些用人单位几乎一致认为,经验、知识、能力可以在岗位上、在实践中逐步积累与培养,但是为人处世的能力、工作责任心等这些基本的素质则需要从小培养。一名责任感薄弱的中职生不仅难以发挥其应有的社会劳动能力,而且会因为责任感弱而降低劳动质量,损害劳动效率与效益。相反,一名责任感强的中职生,他会自觉遵从各项纪律规定,其专业技能也会因责任感的驱使,在社会劳动实践中不断得到提高,从而促进素质不断优化。

因此,在对中职生职业责任感的培养中,"榜样示范法"一直以来具有很强的现身说法力。在选取榜样时,要少舍近求远、多就地取材,充分考虑榜样与中职生身心特点的相同性或相近性,鼓励他们通过模仿身边榜样的具体言行逐步升华到对精神的把握;追求效果时,要激发中职生的上进心,强化他们要求进步的紧迫感,着重引导他们的价值取向;更要分析社会舆论、社会评价与榜样教育的一致性。

3.职业纪律养成——"学会服从命令,是职业人的好习惯"

职业纪律是在特定的职业活动范围内从事某种职业的人们必须共同遵守的行为准则。它包括劳动纪律、组织纪律、财经纪律、群众纪律、保密纪律、宣传纪律、外事纪律等基本纪律要求以及各行各业的特殊纪律要求。职业纪律的特点是具有明确的规定性和一定的强制性。

中职学生作为"校园人",若在学校违反了校纪校规,学校最多是采取批评教育、纠正错误、开具违纪处分等方式,但作为"准职业人"的他们若不能适应所到企业的规章制度,则会出现一系列不适应的情况,甚至会被企业"开除"。因此,对学生进行职业纪律的培养时,作为德育教师,可以通过"纪律和自由互相依存的关系"来让学生明白要自觉地遵守与职业活动相关的各项法律法规,从而保障职业的健康成长与发展。

良好的服从精神,是每个员工必备的素质之一,也是单位立于不败之地必须解决的第一要务。员工只有学会了服从,勇敢地承担起应有的责任,才能不断提高自己的能力;单位只有在会服从、能执行的员工们的共同努力下,才能不断创造更辉煌的业绩。在每一个班集体内,班主任和班级代表都制定了一系列详细的规章制度。每学期,学工部门会安排相应的活动与学习任务,培养学生"学会服从"。培养学生坚决执行的工作态度,对于集体定下来的事情,都要在第一时间雷厉风行地执行到位,且无论做什么工作和事情,都要竭尽全力、尽职尽责地做好。

六、职业素养的培养及目标架构

职业素养培养的三部曲如下:
(1)空杯心态:昨天归零新的起点。
(2)系统学习:职业生涯规划明确目标。
(3)学会学习:不断充电创造机会。
职业素养学习的目标架构如图1-4所示。

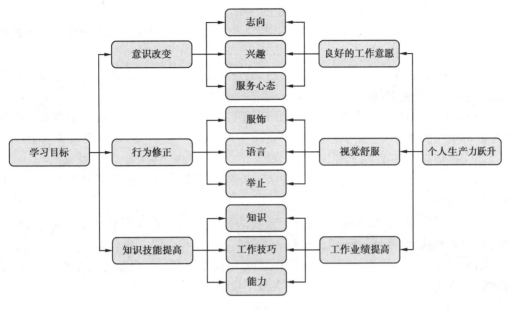

图1-4　目标架构

七、社会主义职业道德

职业道德是人们在一定职业活动范围内应当遵守的,与其特定职业活动相适应的行为规范的总和。职业道德是社会道德体系的重要组成部分,它一方面具有社会道德的一般作用,另一方面它又具有自身的特殊作用,具体表现以下四个方面:调节职业交往中从业人员内部以及从业人员与服务对象之间的关系;有助于维护和提高本行业的信誉;促进本行业的发展;有助于提高全社会的道德水平。

职业道德是事业成功的保证。没有职业道德的人干不好任何工作,每一个成功的人往往都有较高的职业道德。

社会主义职业道德的基本规范是:在岗爱岗、敬业乐业、诚实守信、平等竞争;办事公道、廉洁自律、顾全大局、团结协作;注重效益、奉献社会。

(1)体现从业人员人生价值的前提(或为他人服务、为企业和社会作贡献的基本要求)是:勤奋工作、尽职尽责。

(2)人生价值与职业使命紧密相连,实现人生价值的途径是:勤奋。

(3)诚实守信:就是言行一致、遵守诺言。

(4)平等竞争:是指参与市场活动的人无论其社会地位如何,在市场活动中一律平等。

(5)诚实:是做人之本,是我们在社会上得以立足之本,是人与人之间正常交往的基础,是职业生活正常有序的前提条件。

(6)以诚待人的行为要求:①努力做到言行一致,表里如一。②做老实人,说老实话、办老实事。③先让人一步,不怕先吃亏。

（7）信誉：是个人立业的基础，是企业的生命。

（8）以信立业的行为要求：①言必信、行必果。②克服各种困难，达成诺言。③敢于承担诺言的责任。

（9）以质取胜：是市场经济的道德法则，是企业发展的根本，是促进"两个文明"建设的重要手段，是个人发展的根本途径。

（10）以质取胜的行为要求：①树立服务意识，提高服务质量，以优异的服务参与市场竞争。②端正服务态度，赢得良好声誉。③不生产和销售假冒伪劣商品、不牟取不正当的利益。④提倡高水平竞争，避免内耗。

（11）办事公道、廉洁自律：是指从业人员在行使职业职权时要公平公正、公私分明、约束好自己的行为。

（12）秉公办事、不徇私情：①有助于市场的良性运作。②有助于公众利益。③可以防止从业人员从"徇私情"滑向"谋私利"的深渊。

（13）秉公办事、不徇私情的行为要求：①严格按章办事。②以企业整体利益为重，必要时做出一定的个人牺牲。③提高抵制人情干扰的能力。

（14）克己奉公：是指克制自己的私欲，约束自己，一心为公。

（15）不谋私利：是指不以职权谋私利。

（16）以职权谋私利的后果：会损害他人和企业利益，会败坏社会风气。

（17）克己奉公，不谋私利的行为要求：①廉洁自律，抵制私欲的诱惑。②作风严谨，珍惜手中权力。③自觉接受监督。

（18）维护公众利益，抵制行业歪风：是维护社会整体利益的要求，是建设社会主义精神文明的要求。

（19）维护公众利益，抵制行业歪风的行为要求：①树立全心全意为人民服务的信念。②实行社会服务承诺制度。

（20）顾全大局：是指在处理局部利益与整体利益时，要以整体利益为重。

（21）团结协作：是指从业人员之间以及单位之间，在共同利益和共同目标下的相互支持、相互帮助的活动。

（22）全局观念的核心：小道理服从大道理，个人利益服从整体利益。

（23）树立全局观念：是为了保证企业整体利益的获得，是社会发展的保证，是实现个人利益的保证。

（24）树立全局观念，服从统一安排的行为要求：①克服个人狭隘、片面的利益观，维护集体利益。②在特定的情况下，要忍辱负重。③坚定不移地执行领导的指令。④不要片面追求局部利益的最大化。

（25）增强团体意识，搞好配合协作：①只有协作，才能使一个人的职业成就显示出来。②只有发挥群体优势，才能取得竞争的胜利。

（26）增强团队意识，搞好配合协作的行为要求：①要树立协作意识、主动搞好配合。②树立绿叶意识和配角意识，甘当绿叶、善当配角。

（27）尊重他人劳动、主动关心同事：①同事之间的关系往往胜过亲情关系。②每个劳动者的职业人格都是平等的。③尊重同事就是尊重自己。

（28）尊重他人、主动关心同事的行为要求：①建立和谐的人际关系。②主动关心能力较差的同事，在别人工作最困难时，主动伸出援助之手。

（29）注重效益：是指在生产经营活动中劳动者要合理地利用劳动时间，以较少的消耗取得较大的经济效果。

（30）奉献社会：是指从业人员要先公后私、公而忘私、大公无私，把自己的全部聪明才智用于为他人、为企业、为社会的服务之中。

（31）追求工作效率、合理取得利益：①在职业岗位上必须创造高效率。②效率越高、效益越大，个人与企业的收益也就越大。

（32）追求工作效率、合理取得利益的行为要求：①讲效率、求实效。②合理地取得个人报酬和企业利润。③让小利而求大义。

【任务练习】

以下是关于职业素养的训练题，请以小组为单位有针对性地进行训练。

1.像老板一样专注

作为一个一流的员工，不要只是停留在"为了工作而工作、单纯为了赚钱而工作"等层面上。而应该站在老板的立场上，用老板的标准来要求自己，像老板那样去专注工作，以实现自己的职场梦想与远大抱负！

以老板的心态对待工作。

不做雇员，要做就做企业的主人。

第一时间维护企业的形象。

2.学会迅速适应环境

在就业形势越来越严峻、竞争越来越激烈的当今社会，不能够迅速去适应环境已经成了个人素质中的一块短板，这也是无法顺利工作的一种表现。相反，善于适应环境却是一种能力的象征，具备这种能力的人，手中也握有了一个可以纵横职场的筹码。

不适应者将被淘汰出局。

善于适应是一种能力。

适应有时不啻于一场严峻的考验。

做职场中的"变色龙"。

3.化工作压力为动力

压力，是工作中的一种常态，对待压力，不可回避，要以积极的态度去疏导、去化解，并将压力转化为自己前进的动力。人们最出色的工作往往是在高压的情况下做出的，思想上的压力，甚至肉体上的痛苦都可能成为取得巨大成就的兴奋剂。

别让压力毁了你。

积极起来，还有什么压力不能化解。

用生机活力PK压力。

4.表现自己

在职场中,默默无闻是一种缺乏竞争力的表现,而那些善于表现自己的员工,却能够获得更多的自我展示机会。那些善于表现自己的员工是最具竞争力的员工,他们往往能够迅速脱颖而出。

善于表现的人才有竞争力。

把握一切能够表现自己的机会。

善于表现而非刻意表现。

5.低调做人,高调做事

工作中,学会低调做人,你将一次比一次稳健;善于高调做事,你将一次比一次优秀。在"低调做人"中修炼自己,在"高调做事"中展示自己,这种恰到好处的低调与高调,可以说是一种看似平淡,实则高深的处世谋略。

低调做人,赢得好人缘。

做事要适当高调。

将军必起于卒任。

6.设立工作目标,按计划执行

在工作中,先应该明确地了解自己想要什么,再去致力追求。一个人如果没有明确的目标,就像船没有罗盘一样。每一份富有成效的工作,都需要明确的目标去指引。缺乏明确目标的人,其工作必将庸庸碌碌。坚定而明确的目标是专注工作的一个重要原则。

目标是一道分水岭。

工作前先把目标设定好。

确立有效的工作目标。

目标多了等于没有目标。

7.做一个时间管理高手

时间对每一个职场人士都是公平的,每个人都拥有相同的时间,但是在同样的时间内,有人表现平平,有人则取得了卓著的工作业绩,造成这种反差的根源在于每个人对时间的管理与使用效率上是存在着巨大差别的。因此,要想在职场中具备不凡的竞争能力,应该先将自己培养成一个时间管理高手。

谁善于管理时间,谁就能赢。

学会统筹安排。

把你的手表调快 10 分钟。

8.自动自发,主动就是提高效率

自动自发的员工,善于随时准备去把握机会,永远保持率先主动的精神,并展现超乎他人要求的工作表现,他们头脑中时刻灌输着"主动就是效率,主动、主动、再主动"的工作理念,同时他们也拥有"为了完成任务,能够打破一切常规"的魄力与判断力。显然,这

类员工才能在职场中笑到最后。

不要只做老板交代的事。

工作中没有"分外事"。

不是"要我做",而是"我要做"。

想做"毛遂"就得自荐。

9.服从第一

服从上级的指令是员工的天职,在企业组织中,没有服从就没有一切,所谓的创造性、主观能动性等都在服从的基础上才能够产生。否则公司再好的构想也无从得以推广。那些懂得无条件服从的员工,才能得到企业的认可与重用。

像士兵那样去服从。

不可擅自歪曲更改上级的决定。

多从上级的角度去考虑问题。

10.勇于承担责任

德国大众汽车公司认为:"没有人能够想当然地'保有'一份好工作,而要靠自己的责任感去争取一份好工作!"德国是世界上最有责任感的国家之一,而他们的企业首先强调的还是责任,他们认为没有比员工的责任心所产生的力量更能使企业具有竞争力的了。显然,那些具有强烈责任感的员工才能在职场中具备更强的竞争力!

工作就是一种责任。

企业青睐具备强烈责任心的员工。

任务二　电工安全生产文明操作

【任务目标】

了解安全生产与文明生产常识,充分认识安全生产和文明生产的重要性。

理解在电工实训过程中推广企业 6S 管理的意义。

树立安全用电意识,培养良好的职业素质。

【任务实施】

一、安全生产的步骤

安全生产是进行生产劳动的基础,一切的生产应当以安全为前提条件。在生产活动中,主要需要做好以下三个步骤。

（1）生产前的准备。这里举一个生产事故中大家都熟悉的例子——"火灾"。火灾对劳动者来说无论在物质上还是精神上,它都会令我们遭受无法弥补的创伤。某一些工作场所,也许在生产劳动前的一个小小的烟头,就会酿成一场大火!电工在工作前应详细检查自己所用工具是否安全可靠,穿戴好必需的防护用品,以防工作时发生意外。

（2）生产过程中的安全操作。电工属于特种作业人员,必须持特种作业人员操作证上岗作业,并定期两年复审一次。在操作过程中,思想要特别集中,严格遵守电工作业安全操作规程,确保零事故。

（3）生产活动结束后的收尾工作。要充分检查需要关闭的生产设备、电源、水、电、气等是否已经完全关闭。打扫卫生,关好门窗,这样才能完全结束生产活动。

二、安全生产的主要内容

（1）操作带电设备时,勿触及非安全电压的导电部分。在非安全电压条件下作业时,应尽可能用单手操作,双脚踏在绝缘物上。

（2）生产现场使用的电气设备、电动工具和焊接工具,都应可靠接地。在拆除电气设备后不应留有带电导线。

（3）在仪器的调试或电路实验中,往往需要使用多种仪器组成所需电路。若不了解各种设备的电路接线情况,有可能将 220 V 电源线引入表面上认为安全的地方,造成触电的危险。

（4）生产操作中剪下的导线头、金属以及其他剩余物应妥善处理,不能乱放乱甩,甚至遗留在整机内。

（5）电源必须有过压或过流保护。

（6）工作场地消防设施齐全。

三、电工安全职责

电的特点是"看不见,摸不得",所以要严格按照安全操作规程,提高自己的防护意识,穿戴好防护用品,正确使用各类工具和仪表。

（1）拒绝违章作业的指令,对他人违章作业加以劝阻和制止。

（2）电工必须经过专业培训,应熟悉电气安全知识和触电急救方法。一旦发生事故,立即采取安全及急救措施,防止事态扩大,保护好现场,同时立即向上级汇报。

（3）严格执行各项规章制度和安全技术操作规程,遵守劳动、操作、工艺、施工纪律,持证上岗,不违章作业。对本岗位的安全生产负直接责任。

（4）正确穿戴绝缘鞋、绝缘手套等劳动保护用品。高处作业应系安全带。负责本岗位工具的使用和保管,定期维护和保养,确保使用时安全可靠。

（5）作业时应将施工线路电源切断,并悬挂断电施工标志牌,安排专人监护,监护人不得随意离岗。

（6）熟练掌握岗位操作技能和故障排除方法，做好巡回检查和交接班检查，及时发现和消除事故隐患，自己不能解决的问题应立即报告。

（7）积极参加各种安全活动、岗位练兵，提高安全意识和技能。

（8）各项作业前，穿戴好相应的劳动保护用品，落实安全措施，开具安全作业许可证，检查工具、仪表是否完好。

（9）任何线路和电器未经检查，一律视为有电，严禁用手触及。

（10）电气设备维修，必须停车，切断电源，并挂上"禁止合闸"警示牌且上锁后，方可作业。

（11）认真做好用电记录和维修记录，对容易导致事故发生的重点部位进行经常性监督、检查。

四、保证电气安全的基本要素

1.绝缘

为了避免因带电体与其他带电体或人体接触而发生短路或触电等事故，必须将带电体绝缘。绝缘就是用绝缘物把带电体封闭起来，各种电气线路和设备都是由导电部分和绝缘部分组成的，电工绝缘材料的电阻系数都在 $10^9\ \Omega/cm$ 以上。陶瓷、玻璃、云母、塑料、布、纸、矿物油等都是常用的绝缘材料。电气线路或设备的绝缘必须与所采用的电压相符，与周围的环境和运行条件相适应。

2.间距

为了防止人体触及或接近带电体，防止车辆等物体碰撞或过分接近带电体，防止电气短路事故和因此引起火灾，在带电体与地面之间，带电体与带电体之间，带电体与其他设施和设备之间，均需保持一定的安全距离，这种距离简称间距。

3.载流量

载流量是指导线内通过电流数量（即电流强度）。假如导线内通过电流的数量超过了安全载流量，就会导致过量的发热，以致损坏绝缘引起漏电，严重时可能引起火灾。因此，在装设各种供、用电线路时，必须了解线路上正常工作时的最大电流强度，以便正确地选择导线的种类和规格。

五、安全色和安全标志

安全色和安全标志就是用特定的颜色和标志，引起人们对周围存在的安全和不安全的环境注意，提高人们对不安全因素的警惕。特别在紧急情况下人们能借助安全色和安全标志的指引，尽快采取防范和应急措施或安全撤离现场，避免发生更严重的事故。

我国国家标准规定的安全色主要有 4 种，其颜色为红、蓝、黄、绿，各表示的含义见表 1-1。

表 1-1 安全色的含义

序 号	种 类	含 义
1	红色	表示禁止、停止、危险,用于禁止标志、停止信号以及禁止人们触动的部位
2	蓝色	表示指令及必须遵守的规定,如必须佩戴某种防护用品的标志以及指引车辆行驶的标志都涂以蓝色
3	黄色	表示警告、注意,各种警告如"注意安全、当心触电"等都用黄色表示
4	绿色	表示提示、安全状态、通行,如车间内部的安全通道、消防设备等用绿色表示

在实际中,安全色常采用其他颜色(即对比色)做背景色,使其更加醒目,以提高安全色的辨别度。如红色、蓝色和绿色采用白色作对比色,黄色采用黑色作对比色。黄色与黑色的条纹交替,视见度较好,一般用来标示警告危险,红色和白色的间隔常用来表示"禁止跨越"等。

根据《安全标志及其使用导则》(GB 2894—2008),安全标志是用以表达特定安全信息的标志,由图形符号、安全色、几何形状(边框)或文字构成。

安全标志的分类为禁止标志、警告标志、指令标志和提示标志四类,还有补充标志,与电力相关的安全标志见表 1-2。

表 1-2 安全标志

种类	定 义	图 形	与电力相关的安全标志
禁止标志	不准或制止人们的某些行动	带斜杠的圆环,其中圆环与斜杠相连,用红色;图形符号用黑色,背景用白色	禁放易燃物、禁止吸烟、禁止通行、禁止烟火、禁止用水灭火、禁带火种、停机修理时禁止转动、运转时禁止加油、禁止跨越、禁止乘车、禁止攀登等
警告标志	警告人们可能发生的危险	黑色的正三角形、黑色符号和黄色背景	注意安全、当心触电、当心爆炸、当心火灾、当心腐蚀、当心中毒、当心机械伤人、当心伤手、当心吊物、当心扎脚、当心落物、当心坠落、当心车辆、当心弧光、当心冒顶、当心瓦斯、当心塌方、当心坑洞、当心电离辐射、当心裂变物质、当心激光、当心微波、当心滑跌等
指令标志	必须遵守	圆形,蓝色背景,白色图形符号	必须戴安全帽、必须穿防护鞋、必须系安全带、必须戴防护眼镜、必须戴防毒面具、必须戴护耳器、必须戴防护手套、必须穿防护服等
提示标志	示意目标的方向	方形,绿、红色背景,白色图形符号及文字	一般提示标志(绿色背景)有 6 个:安全通道、太平门等;消防设备提示标志(红色背景)有 7 个:消防警铃、火警电话、地下消火栓、地上消火栓、消防水带、灭火器、消防水泵接合器

续表

种类	定　义	图　形	与电力相关的安全标志
补充标志	对前述四种标志的补充说明,以防误解		补充标志分为横写和竖写两种。横写的为长方形,写在标志的下方,可以和标志连在一起,也可以分开;竖写的写在标志杆上部。 补充标志的颜色:竖写的,均为白底黑字,横写的,用于禁止标志的为红底白字,用于警告标志的为白底黑字,用带指令标志的为蓝底白字

　　按照规定,为便于识别,防止误操作,确保运行和检修人员的安全,采用不同颜色来区别设备特征。如电气母线,A 相为黄色,B 相为绿色,C 相为红色,明敷的接地线涂为黑色。在二次系统中,交流电压回路用黄色,交流电流回路用绿色,信号和警告回路用白色。

六、电工作业安全的组织措施

1.工作票制度

　　工作票是准许在电气设备上工作的书面命令,也是明确安全职责,向工作人员进行安全交底,以及履行工作许可手续、工作间断、转移和终结手续,并实施保证安全技术措施等的书面依据。工作票分为第一种工作票和第二种工作票两种。

　　(1)电气第一种工作票。适用范围:高压设备上工作需要全部停电或部分停电者;高压室内的二次接线和照明等回路上的工作,需要将高压设备停电或做安全措施者;其他工作需要将高压设备停电或需要做安全措施者;400 V 等级的低压设备检修或试验,需要运行做安全措施者等。

　　(2)电气第二种工作票。适用范围:带电作业和在带电设备外壳上的工作;在控制盘和低压配电盘、配电箱、电源干线上的工作;在二次接线回路上的工作,无须将高压设备停电者;在转动中的发电机、励磁回路或高压电动机转子电阻回路上的工作;非当值值班人员用绝缘棒和电压互感器定相或用钳形电流表测量高压回路的电流;更换生产区域及生产相关区域照明灯泡的工作等。

2.工作许可制度

　　工作许可制度是工作许可人(当值值班电工)根据低压工作票或低压安全措施票的内容在做设备停电安全技术措施后,向工作负责人发出工作许可的命令;工作负责人方可开始工作;在检修工作中,工作间断、转移,以及工作终结,必须有工作许可人的许可,所有这些组织程序规定都称工作许可制度。

　　工作许可人由值班员担任,但不得签发工作票。换句话说,工作票签发人不得兼任该项工作负责人(许可人)。

3.工作监护制度

　　完成工作许可手续后,工作负责人(监护人)应向工作班人员交代现场安全措施、带电部位和其他注意事项。

工作负责人(监护人)必须始终在工作现场,随时检查、及时纠正工作班人员在工作过程中的违反安全工作规程和安全措施的行为。特别当工作者在工作中,人体某部位移近带电部分或工作班人员转移工作地点、部位、姿势、角度时,更应重点加强监护,以免发生危险。

全部停电时,工作负责人(监护人)可以参加工作班工作;部分停电时,只能在安全措施可靠,人员集中在一个工作地点,不至于误碰带电部分的情况下可以参加工作班工作;工作期间,工作负责人因故必须离开工作地点时,应指定能胜任的人员临时代替,并告知工作班人员,原工作负责人返回后也应履行同样的手续。

4.工作间断、转移和终结制度

工作间断时,所有安全措施应保持不动。在电力线路上的工作,如果工作班必须暂时离开工作地点,则必须采取安全措施和派人看守,不让人、畜接近挖好的基坑或接近未竖立稳固的杆塔以及负载的起重和牵引机械装置等。恢复工作前,应检查接地线等各项安全措施的完整性。

当天不能完成的工作,每日收工应清扫工作地点,开放已封闭的道路,并将工作票交回值班员;次日复工时,应得到值班员许可,取回工作票。工作负责人必须事前重新认真检查安全措施是否符合工作票的要求后方可工作。

在同一电气连接部分用同一工作票依次在几个工作地点转移工作时,全部安全措施由值班员在开工前一次做完,不需再办理转移手续,但工作负责人在转移工作地点时,应向工作人员交代带电范围、安全措施和注意事项。

全部工作完毕后,工作班应清扫、整理现场。工作负责人应先周密检查,确认无问题后带领工作人员撤离现场,再向值班人员讲清所修项目发现的问题、试验结果和存在问题等,并与值班人员共同检查设备状况,有无遗留物件,是否清洁等,然后在工作票上填明工作终结时间,经双方签名后,工作票方告终结。

已经终结的工作票,至少要保存3个月。

七、文明生产

广义的文明生产是指企业要根据现代化大生产的客观规律来组织生产。狭义的文明生产是指在生产现场管理中,要按现代工业生产的客观要求,为生产现场保持良好的生产环境和生产秩序。

文明生产的目的就在于为班组成员们营造一个良好而愉快的组织环境和一个合适而整洁的生产环境。

文明生产要求创造一个保证质量的内部条件和外部条件。内部条件主要指生产要有节奏、要均衡,安排要科学合理,要适应于保证质量的需要;外部条件主要指环境、光线等有助于保证质量的外部因素。生产环境的整洁卫生,包括生产场地和环境要卫生整洁,光线照明适度,零件、半成品、工夹量具放置整齐,设备仪器保持良好状态等。没有起码的文明生产条件,质量管理就无法进行。

文明生产规范人的行为和物的状态,使生产各个环节在正确的轨道上运行。文明生产所形成的优越劳动环境,从心理上对生产者产生愉悦性。思想负担减轻,能够心情愉快,精力充沛,全神贯注地完成压力较大的工作。

文明生产使生产组织各个过程合理、优化,使生产过程最短,时间最少,耗费最少,从而实现最高效益。

八、文明生产的主要内容

(1)严格执行各项规章制度,认真贯彻工艺操作规程。

(2)工作室内无灰尘,无有害及腐蚀性气体。

(3)个人服饰应符合要求,个人讲究卫生。

(4)工艺操作标准化,班组生产有秩序。

(5)工位器具齐全,物品堆放整齐。

(6)保证工具、量具、仪表、设备的整洁,摆放有序。文明操作,不乱动工具、量具、仪表、设备。

(7)工作场地整洁,生产环境协调。

(8)服务好下一班、下一道工序。

九、企业 6S 管理

6S 管理是一种管理模式,是 5S 管理的升级。6S 管理在企业中的实施,很好地改善了企业的生产环境,提高了企业的生产效率等。6S 即整理(SEIRI)、整顿(SEITON)、清扫(SEISO)、清洁(SEIKETSU)、素养(SHITSUKE)、安全(SECURITY),具体内容见表 1-3。

表 1-3　企业 6S 管理

项　目	内　容	目　的
整理(SEIRI)	将工作场所的任何物品区分为有必要和没有必要的,除了有必要的留下来,其他的都清除掉	腾出空间,空间活用,防止误用,创造清爽的工作场所
整顿(SEITON)	把留下来的必要用的物品依规定位置摆放,并放置整齐加以标识	工作场所一目了然,消除寻找物品的时间,整整齐齐的工作环境,消除过多的积压物品
清扫(SEISO)	将工作场所内看得见与看不见的地方清扫干净,保持工作场所干净、亮丽的环境	稳定品质,减少工业伤害

续表

项 目	内 容	目 的
清洁（SEIKETSU）	将整理、整顿、清扫进行到底，并且制度化，经常保持环境处在美观的状态	创造明朗现场，维持上面3S成果
素养（SHITSUKE）	每位成员养成良好的习惯，并遵守规则做事，培养积极主动的精神（也称习惯性）	培养良好习惯、遵守规则的员工，营造团队精神
安全（SECURITY）	重视成员安全教育，每时每刻都有安全第一的观念，防患于未然	建立起安全生产的环境，所有的工作应建立在安全的前提下

6S 管理的黄金短句如图 1-5 所示。

图 1-5 6S 管理黄金短句

企业之所以实施 6S 管理，主要是为了提供舒适的工作环境、提供安全的职业场所、提升员工的工作情绪、提高现场工作效率、提高产品的质量水平、增强设备的使用寿命、塑造良好的企业形象，这些都是每个企业所想要达到的与值得改善的。

十、6S 管理在电工实训中的应用

如果学生在校期间就能养成一种良好的职业习惯，在毕业后更加容易被企业接纳，在实践教学中如果营造出现场管理的气氛，能让学生快速适应企业。在实训中培养学生安全意识，要灌输学生安全为重，杜绝违规操作的意识，培养学生良好的职业习惯，提升学生毕业后的市场竞争能力。

在电工实训中，学生们接触与维修电器时，与电的接触是很多的。但多数学生都没有用电安全意识,防范措施也明显不足。在实训教学中融入 6S 管理,推进"整理""清扫""整顿""安全"的要求,就是要对实训现场进行有效的管理。要做好事前的检查工作,及时检查出设备、器材和工具可能存在的问题,并针对具体问题,进行深化研究,综合考量利弊,并对于出现的问题进行及时、有效的整顿。深化"清洁""素养"的要求,就是在不断改善的工作环境中,塑造一丝不苟的敬业精神,培养勤奋、节俭、务实、有纪律的职业素养。

在电工实训教学中融入 6S 管理的目的是提高中职学生的职业素养。职业素养的养成需要良好的职业习惯,在实训过程中对学生严格要求,就要像企业要求员工一样,对做不到的学生进行相应的扣分处罚。因此,教师在实训教学工作开始之前,可根据 6S 管理要求的各个方面制定出一套完备的量化考核标准,设计好每一项的分值,满分 100 分,见表 1-4。

表 1-4 学生实训 6S 管理考核表

项目	考核要求	配分	得分
整理	按要求带工具及教程(教材),按要求安装元器件	15	
整顿	将物品放置在指定的位置,按电路图进行接线,按照任务书的要求进行操作	15	
清扫	每次实训结束将在实训课上安装的导线安全拆除,将实训场地清扫干净	25	
清洁	清理杂物,规范摆放操作工器具	10	
素养	按教师要求进行实操,不迟到、早退,特殊原因无法参加实训需提前请假	25	
安全	了解用电常识及急救知识,严禁违规操作	10	

根据企业 6S 管理的内容,对学生参加电工实训操作的基本要求是:正确着装,举止文明,遵守纪律,爱惜设备,爱惜器材,安全用电,安全操作,工作台物件摆放规范。

【任务练习】

1.组织学生参观生产或维修现场,加深对安全文明生产和 6S 管理的感性认识,并撰写心得体会。

2.以实训小组为单位,上网搜集安全生产、文明生产的真实案例,各小组交流学习。

任务三 电工技能实训用电安全

【任务目标】

了解触电事故的种类和电流对人体的伤害。

熟悉造成人体触电的几种方式,提高安全用电的意识。

【任务实施】

一、电流对人体的危害

1.触电电流

通过人体的电流越大,人体的生理反应越明显,引起心室颤动所需的时间越短,致命的危险就越大。对于工频交流电,按照通过人体的电流大小不同,人体呈现不同的状态,可将电流划分为感知电流、摆脱电流和致命电流三个等级,见表1-5。

表1-5　人体触电电流的三个等级　　　　　　　　　　　　单位:mA

名称	概念		对成年男性	对成年女性
感知电流	引起人感觉的最小电流,此时,人的感觉是轻微麻木和刺痛	工频	1.1	0.7
		直流	5.2	3.5
摆脱电流	人触电后能自主摆脱电源的最大电流。此时,有发热、刺痛的感觉增强。电流大到一定程度,触电者将因肌肉收缩,发生痉挛而紧抓带电体,不能自行摆脱电源	工频	16	10.5
		直流	76	51
致命电流	在较短时间内危及生命的电流	工频	30~50	
		直流	1 300(0.3s)、50(3s)	

2.电流大小对人体伤害

无论是交流电还是直流电,电压越高、电流强度越大,对人的危险性就越大。一般来说,电流大小与人体的伤害程度见表1-6。

表1-6　电流大小与人体伤害程度

电流/mA	人的感觉程度
1	人就会有"麻电"的感觉
5	有相当痛的感觉
8~10	感到有受不了的痛苦
20	肌肉剧烈收缩,失去动作自由
50	有生命危险
100	死亡

3.电流路径与人体的伤害

触电时,通过心脏、肺和中枢神经系统的电流强度越大,其后果也就越严重。不同路径通过心脏电流的百分数见表1-7。

表1-7 不同路径通过心脏电流的百分数

电流路径	左手→双脚	右手→双脚	右手→左手	左脚→右脚
百分数/%	6.7	3.7	3.3	0.4

二、触电事故的种类

触电通常是指人体直接触及电源或高压电经过空气或其他导电介质传递电流通过人体时引起的组织损伤和功能障碍,重者会发生心跳和呼吸骤停。

一般来说,电流对人体的伤害有两种类型:电击和电伤。通过对许多触电事故分析,有的时候两种触电的伤害会同时存在。无论是电击还是电伤,都会危害人的身体健康,甚至会危及生命。大约85%以上的触电死亡事故是电击造成的,其中大约70%有电伤成分。对于专业电工自身的安全来说,预防电伤具有更加重要的意义。

1.电击

电击是电流通过人体内部,破坏人的心脏、神经系统、肺部的正常工作造成的伤害。由于人体触及带电的导线、漏电设备的外壳或其他带电体,或者由于雷击或电容放电,都可能导致电击。

电击的主要特征是:伤害人体内部;在人体外表没有显著的痕迹;电流较小。

2.电伤

电伤是电流的热效应、化学效应或机械效应对人体造成的局部伤害,包括电弧烧伤、烫伤、电烙印、皮肤金属化、电气机械性伤害、电光眼等不同形式的伤害。

电伤的主要特征如下:

(1)受伤体表一般都有入口和出口。入口多在手、足或头部等直接和电压接触的部位,损伤往往比出口处严重。入口处皮肤炭化,中心凹陷且坚韧,局部脱水、干燥,感觉麻木、温度低。

(2)局部组织损伤严重,且由入口逐渐向内深入,其显著特点为口小底大,呈喇叭口状的倒锥形。

(3)严重电伤后全身症状明显。电击伤后由于电流经过可使患者昏迷,心跳、呼吸骤停等;电流对头部损伤严重可使中枢神经系统改变;电流通过胸部、腹部时,可致心脏和腹腔内脏损伤。

(4)电伤多发生于高处触电的场合。

三、触电事故发生的原因

(1)缺乏电气安全知识。例如:带负荷拉高压隔离开关;低压架空线折断后不停电,用手误碰火线;在光线较弱的情况下带电接线,误触带电体;手触摸破损的胶盖刀闸。

（2）违反安全操作规程。例如：带负荷拉高压隔离开关；带电拉临时照明线；安装接线不规范等。

（3）设备不合格。例如：高低压交叉线路，低压线误设在高压线上面；用电设备进出线未包扎好裸露在外；人触及不合格的临时线等。

（4）设备管理不善。例如：大风刮断低压线路或刮倒电杆后，没有及时处理；水泵电动机接线破损使外壳长期带电等。

（5）其他偶然因素。例如：大风刮断电力线路触到人体；人体受雷击等。

四、触电事故的规律

触电事故的一般规律如下。

（1）有明显季节性。一年之中第二、三季度事故较多，6～9月的事故最集中。

（2）低压触电多于高压触电。

（3）农村触电事故多于城市。

（4）电气连接部位容易发生触电事故。例如：接线端、压接头、焊接头、灯头、插头、插座、控制器、接触器、熔断器等。

（5）便携式和移动式设备发生触电事故多。

（6）违章作业和误操作引起的触电事故多。

五、触电方式

根据人体触及带电体的方式和电流流过人体的途径，触电可分为单相触电、两相触电和跨步电压触电等。无论哪种方式的触电，都有危险，非常危险！在日常工作中如果没有必要的安全措施，不要接触低压带电体，也不要靠近高压带电体。

1.单相触电

当人体某一部位与大地接触，另一部位与一相带电体接触所致的触电事故，如图 1-6 所示。

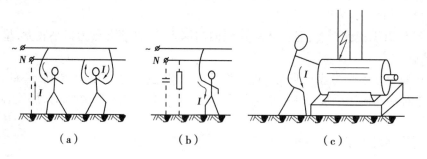

图 1-6 单相触电

2.两相触电

发生触电时，人体的不同部位同时触及两相带电体，称两相触电。两相触电时，相与相之间以人体作为负载形成回路电流,如图 1-7 所示。此时,流过人体的电流大小完全取决于电流路径和供电电网的电压。

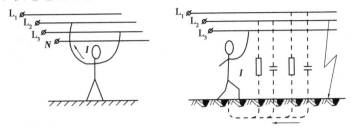

图 1-7 两相触电

3.跨步电压触电

电气设备碰壳或电力系统一相接地短路时,电流从接地极四散流出,在地面上形成不同的电位分布,人在走近短路地点时,两脚之间的电位差叫跨步电压。人体触及跨步电压而造成的触电,称跨步电压触电,如图 1-8 所示。

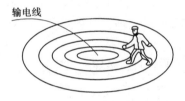

图 1-8 跨步电压触电

当发觉跨步电压威胁时,人应赶快把双脚并在一起,或尽快用一条腿或两条腿跳着离开危险区 20 m 以外。

触电方式还有接触电压触电、感应电压触电和剩余电荷触电等,这里不逐一介绍,请读者查阅相关资料学习。

六、安全电压

安全电压是指为了防止触电事故而由特定电源供电所采用的电压系列。我国规定的安全电压额定值的等级为 42 V、36 V、24 V、12 V、6 V。当电气设备采用的电压超过安全电压时,必须按规定采取防止直接接触带电体的保护措施。

七、电工安装调试实训安全注意事项

(1)进入实训室的师生必须穿着符合要求。带电作业时,必须穿戴好安全绝缘防护用品,确认与地面绝缘后,方可进行操作。带电作业必须设专人监护。

(2)准备好各种电工专用工具。

(3)检验元件质量。

①在不通电的情况下,用万用表检查各触点的分、合情况是否良好。

②检验接触器时,应拆卸灭弧罩,用手同时按下三副主触点并用力均匀;若不拆卸灭

弧罩检验时,切忌将旋具用力过猛,以防触点变形。

③检查接触器线圈电压与电源电压是否相符。

(4)安装电气元件。

①必须按图安装。

②熔断器的安装必须熔芯向上,接线上必须遵循低进高出的原则,熔断器的受电端子应安装在控制板的外侧。伸出熔断器接线柱的导线的长度为 1.5~2 cm。

③各元件的安装位置应整齐、均匀、间距合理和便于更换元件。

④紧固各元件时应用力均匀,紧固程度适当。在紧固熔断器、接触器等易碎元件时,应用手按住元件一边轻轻摇动,一边用螺丝刀轮流旋紧对角线的螺钉,直到手感觉摇不动后再适当旋紧一些即可。

(5)布(接)线。

接线操作前,应确保实训装置各板块已安装牢固,并确保各元器件工作正常;接线时,严格按照工艺要求操作,导线与接线柱应压紧,且无多余裸露导线露出;导线与导线如需连接,应通过端子排,不可直接连接;端子排在接线完成后应盖上盖子。

①导线和接线端子或线桩连接时,应不压绝缘层,不反卷及不露铜过长,并做到同一元件、同一回路的不同接点的导线间距保持一致。

②一个电气元件的接线端子上的连接导线不得超过两根,每节接线端子板上的连接导线一般只允许连接一根。

③布线时,严禁损伤线芯和导线绝缘层。

④电动机及按钮的金属外壳必须可靠接地。

⑤电源进线应接在螺旋式熔断器底座的中心端上,出线应接在螺纹外壳上。按钮内接线时,用力不能过猛,以防止螺丝打滑。

(6)自检。

学生接线完成后,应认真检查接线是否正确;检查无误后,再经指导老师检查,确认接线正确后方可由指导老师通电试车。在通电试车过程中,学生不得用手及螺丝刀等触及裸露的带电部分。若需改换接线,则应在断开电源后进行。

①电路未经证明是否有电时,应视作有电处理,不得用手触摸,避免触电事故发生。

②用万用表进行检测时,应选用电阻挡的适当倍率,并进行校零,以防错漏短路故障。检查控制电路,可将表笔分别搭在 U1、V1 上,读数应为"∞",按下"SB2"时读数应为接触器线圈的直流电阻阻值。检查主电路时,可以手动来代替接触器受电线圈励磁吸合时的情况检查。

(7)通电试车。

①通电试车前必须征得教师的同意,并由实训老师现场监护。第一次按下电动机控制电路的启动按钮时,应短时点动,以观察线路和电动机运行有无异常现象。

②接通电源后,遇到任何异常情况,应立即按下实训装置上的急停开关,断开电源。待故障排除后方可继续实训。

③出现故障后,学生应独立进行检修,检修完毕后再通电,应有实训老师监护。若需

带电检查,则必须有实训老师在场监护。

　　④如果遇到实训中途停电,必须立即关闭设备电源总开关。

【任务练习】

一、判断题

1.女性的人体阻抗比男性的大。　　　　　　　　　　　　　　　　　　　（　　）

2.一般人体的平均电阻为 5 000~7 000 Ω。　　　　　　　　　　　　（　　）

3.人体触电致死,是由于肝脏受到严重伤害。　　　　　　　　　　　　（　　）

4.为了防止触电可采用绝缘、防护、隔离等技术措施以保障安全。　　（　　）

5.在潮湿或高温或有导电灰尘的场所,应该用正常电压供电。　　　　（　　）

6.电流为 100 mA 时,称为致命电流。　　　　　　　　　　　　　　　　（　　）

7.两相触电比单相触电更危险。　　　　　　　　　　　　　　　　　　　（　　）

二、选择题

1.国际规定,电压(　　)以下不必考虑防止电击的危险。

A.36 V　　　　　　　　　　　B.65 V　　　　　　　　　　　C.25 V

2.触电事故中,绝大部分是(　　)导致人身伤亡的。

A.人体接受电流遭到电击　　B.烧伤　　　　　　　　　　　C.电休克

3.人体在电磁场作用下,由于(　　)将使人体受到不同程度的伤害。

A.电流　　　　　　　　　　　B.电压　　　　　　　　　　　C.电磁波辐射

4.如果工作场所潮湿,为避免触电,使用手持电动工具的人应(　　)。

A.站在铁板上操作　　　　　B.站在绝缘胶板上操作　　C.穿防静电鞋操作

5.用电人员使用的设备停止工作时,必须将开关箱中的(　　)断开,并锁好开关箱。

A.空气开关　　　　　　　　　B.漏电保护器　　　　　　　　C.控制开关

项目二

电气图识读

【项目导读】

　　人与人之间的交流靠语言，电气图以各种图形、符号等形式来表示电气系统中各电气设备、装置、元器件的相互连接关系，是设计人员与安装、操作人员进行交流的工程语言。能正确、熟练地识读电气图是电工初学者必备的基本技能。

　　常用的电气图包括电气原理图、电气元件布置图、电气安装接线图。本项目仅介绍电气符号的组成、特点及应用，电气图的种类及特点，识读电气图应具备的基本要求、方法与步骤。

任务一　电气符号识别

【任务目标】

了解电气符号的图形符号、文字符号的基本概念及使用方法。

了解电气符号的特点及应用的目的。

【任务实施】

一、电气符号的组成

电气符号由图形符号、文字符号、项目代号、回路标号等组成,它们从不同的角度为电气图提供信息,见表2-1。

表2-1　电气符号的组成

名称	概念	举例	备注
图形符号	用来表示设备或概念的图形、标记或字符等的总称	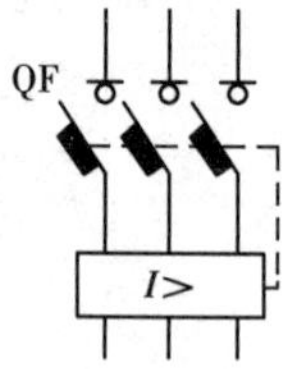 QF $I>$	图形符号含有符号要素、一般符号和限定符号
文字符号	用来表示电气设备、装置和电气元件以及线路的基本名称、位置和特性的字符代码	QF 断路器 QS 隔离开关 A 电流表	单字母符号,双字母符号
项目代号	用一个图形符号表示,可大可小,能够表示该项目的种类、位置、所属关系	"S2"为系统中的开关 Q3,表示为"S2-Q3"	"＝"是高层代号,"-"是种类代号
回路标号	电路图中用来表示各回路种类、特征的文字和数字标号	A411、B411、C411 L1、L2、L3	按照"等电位"原则进行标注

二、图形符号的特点及应用

(1)图形符号均是表示电气设备或电气元件无电压、无外力作用时所处的状态。例如:开关没有按下,接触器、继电器线圈未得电。电动机控制电路最常用的图形符号见表2-2。

表 2-2 电动机控制电路中常用图形符号

名称	图形符号	名称	图形符号
动合触点		欠压继电器线圈	$U<$
动断触点		过电流继电器线圈	$I>$
复合触点		继电延时线圈	
启动按钮		通电延时线圈	
停止按钮		三相鼠笼式异步电动机	M 3~
复合按钮		三相绕线式异步电动机	M 3~
接触器线圈		串励直流电动机	M

（2）图形符号的大小和图线的宽度并不影响符号的含义，因此可根据实际需要缩小和放大。

（3）图形符号的方位不是强制的。根据图面布置的需要，可将图形符号按 90°或 45°的角度逆时针旋转或镜像放置，但文字和指示方向不能倒置，如图 2-1 所示。

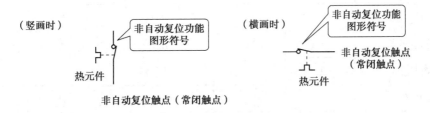

图 2-1 热敏继电器的图形符号

在某些情况下，图形符号引线的位置影响到符号的含义，则引线位置就不能随意改变，否则会引起歧义，如电阻器符号的引线就不能随意改变。

（4）图形符号中的文字符号、物理量符号，应视为图形符号的组成部分，如图 2-2 所示。

（Ⓥ）　　　　　　（Ⓐ）　　　　　　（Ⓦ）

（a）电压表　　（b）电流表　　（c）功率表

图 2-2　常用电工仪表的图形符号

三、文字符号的特点及应用

1.基本文字符号

基本文字符号有单字母符号和双字母符号两种表达方式。

（1）单字母符号用拉丁字母将各种电气设备、电气元件分为 23 大类。每大类用一个专用字母符号表示,如"C"表示电容器类,"R"表示电阻类。其中,"I""O"容易和阿拉伯数字"1""0"混淆,不允许使用;字母"J"未使用。

（2）双字母符号由一个表示种类的单字母符号后面加一个字母组成,如"GB"表示蓄电池(其中,"G"为电源的单字母符号);又如"GS"表示同步发电机,其中,"G"为电源的单字母符号,"S"为同步发电机的英文名称的首位字母。常用基本文字符号见表 2-3。

表 2-3　基本文字符号举例

名　称	单字母符号	多字母符号	名　称	单字母符号	多字母符号
发电机	G		电流表	A	
励磁机	G	GE	电压表	V	
电动机	M		功率因数表		cos
绕组	W		电磁铁	Y	YA
变压器	T		电磁阀	Y	YV
隔离变压器	T	TI（N）	牵引电磁铁	Y	YA（T）
电流互感器	T	TA 或 CT	插头	X	XP
电压互感器	T	TV 或 PT	插座	X	XS
电抗器	L		端子板	X	XT
开关	Q、S		信号灯	H	HL
断路器	Q	QF	指示灯	H	HL
隔离开关	Q	QS	照明灯	E	EL
接地开关	Q	QG	电铃	H	HL
行程开关	S	ST	蜂鸣器	H	HA
脚踏开关	S	SF	测试插孔	X	XJ

名　　称	单字母符号	多字母符号	名　　称	单字母符号	多字母符号
按钮	S	SB	蓄电池	G	GB
接触器	K	KM	合闸按钮	S	SB(L)
交流接触器	K	KM(A)	跳闸按钮	S	SB(I)
直流接触器	K	KM(D)	试验按钮	S	SB(E)
星-三角启动器	K	KS(D)	检查按钮	S	SB(D)
继电器	K		启动按钮	S	SB(T)
避雷器	F	FA	停止按钮	S	SB(P)
熔断器	F	FU	操作按钮	S	SB(O)

2.辅助文字符号

辅助文字符号用来表示电气设备、电气装置和元器件及线路的功能、状态和特征,通常由英文单词的前一两个字母构成。例如"SYN"表示同步,"L"表示限制,"RD"表示红色,"F"表示快速。常用辅助文字符号见表2-4。

表2-4　常用辅助文字符号

名　　称	单字母符号	多字母符号	名　　称	单字母符号	多字母符号
交流		AC	控制	C	
直流		DC	制动	B	BRK
电流	A		闭锁		LA
电压	V		异步		ASY
接地	E		延时	D	
保护	P		同步		SYN
保护接地	PE		运转		RUN
中性线	N		时间	T	
模拟	A		高	H	
数字	D		中	M	
自动	A、A	AUT	低	L	
手动	M		升	U	

续表

名　称	单字母符号	多字母符号	名　称	单字母符号	多字母符号
辅助		AUX	降	D	
停止		STP	备用		RES
断开		OFF	复位		R
闭合		ON	差动	D	
输入		IN	红		RD
输出		OUT	绿		GN
左	L		黄		YE
右	R		白		WH
正、向前	FW		蓝		BL
反	R		黑		BK

3.特殊用途文字符号

在电气图中,一些特殊用途的接线端子、导线等通常采用一些专用的文字符号。例如,交流系统电源的第一、第二、第三相,分别用文字符号 L1、L2、L3 表示;交流系统设备的第一、第二、第三相,分别用文字符号 U、V、W 表示;直流系统电源的正极、负极,分别用文字符号 L+、L−表示;交流电、直流电分别用文字符号 AC、DC 表示;接地、保护接地、不接地保护分别用文字符号 E、PE、PU 表示。

在电路图中,文字符号组合的一般形式为:

基本文字符号+辅助文字符号+数字序号

例如,KT1 表示电路中的第一个时间继电器;FU2 表示电路中的第二个熔断器。

4.数字代码

文字符号除有字母符号外,还有数字代码。数字代码的使用方法主要有两种。

(1)数字代码单独使用。数字代码单独使用时,表示各种元器件、装置的种类或功能,应按序编号,还要在技术说明中对代码意义加以说明。例如,电气设备中有熔断器、刀开关、接触器等,可用数字代表器件的种类,如"1"代表熔断器,"2"代表刀开关,"3"代表接触器等。另外,电路图中电气图形符号的连线处常标有数字,这些数字称为线号,线号是区别电路接线的重要标志。

(2)数字代码与字母符号组合使用。将数字代码与字母符号组合起来使用,可说明同一类电气设备、元器件的不同编号。数字代码可放在电气设备、装置或元器件的前面或后面,放在前面通常表示同一图上不同回路,放在后面表示同一类设备、装置、元器件不是同一个。

四、回路标号的特点及应用

回路标号也称回路线号,其作用是为了便于安装接线和有故障时好查找线路。

(1)回路标号按照"等电位"原则进行标注,即电路中连接在一点上的所有导线具有同一电位而标注相同的回路标号。

(2)由电气设备的线圈、绕组、电阻、电容、各类开关、触头等电气元件分隔开的线段,应视为不同的线段,标注不同的回路标号。

(3)在一般情况下,回路标号由三位或三位以下的数字组成。

五、项目代号的特点及应用

(1)可用来识别图、表图、表格中和设备上的项目种类,并提供项目的层次关系、种类、实际位置等信息的一种特定的代码,是电气技术领域中极为重要的代号。

(2)可用来识别、查找各种图形符号所表示的电气元件、装置和设备以及它们的隶属关系、安装位置。

【任务练习】

一、判断题

1.电气图中开关、触点的符号水平形式布置时,应下开上闭。　　　　　　　　(　　)

2.电气图中开关、触点的符号垂直形式布置时,应右开左闭。　　　　　　　　(　　)

3.字母"I""O"可以作为文字符号。　　　　　　　　　　　　　　　　　　(　　)

4.PE 一般表示保护接地,E 表示接零。　　　　　　　　　　　　　　　　　(　　)

5.KM 一般表示热继电器,KH 一般表示接触器。　　　　　　　　　　　　　(　　)

6.在原理图中,回路标号不能表示出来,所以还要有展开图和安装图。　　　　(　　)

二、选择题

1.接触器用(　　　)符号表示。

A.KH　　　　　　　B.FR　　　　　　　C.FU　　　　　　　D.KM

2.熔断器用(　　　)符号表示。

A.KH　　　　　　　B.FR　　　　　　　C.FU　　　　　　　D.KM

3.三相异步电动机控制线路中的符号"QF"表示(　　　)。

A.空气开关　　　B.接触器　　　C.按钮　　　D.热继电器

4.三相异步电动机控制线路中的符号"SB"表示(　　　)。

A.空气开关　　　B.接触器　　　C.按钮　　　D.热继电器

5.图形符号一般由符号要素、一般符号和(　　　)组成。

A.数字　　　B.文字　　　C.限定符号　　　D.简图

6.读图的基本步骤有:看图样说明,(　　),看安装接线图。

A.看主电路　　　　　B.看电路图　　　　　C.看辅助电路　　　　　D.看交流电路

7.接线图以粗实线画(　　),以细实线画辅助回路。

A.辅助回路　　　　　B.主回路　　　　　C.控制回路　　　　　D.照明回路

8.识图的基本步骤:看图样说明,看电气原理图,看(　　)。

A.主回路接线图　　　B.辅助回路接线图　　C.回路标号　　　　　D.安装线路图

9.主电路要垂直电源电路画在原理图的(　　)。

A.上方　　　　　　　B.下方　　　　　　　C.左侧　　　　　　　D.右侧

10.在原理图中,对有直接接电联系的交叉导线接点,要用(　　)表示。

A.小黑圆点　　　　　B.小圆圈　　　　　C."X"号　　　　　　D.红点

11.在原理图中,各电器的触头位置都按电路未通电或电器(　　)作用时的常态位置画出。

A.不受外力　　　　　B.受外力　　　　　C.手动　　　　　　D.受合外力

任务二　识读常用电气图

【任务目标】

了解电气图的概念,掌握电气图的分类,理解各类电气图的特点。

掌握识读电气图的一般步骤及方法。

【任务实施】

一、电气图的概念

大家知道,电气控制系统是由许多电气元件按照一定要求连接而成的。为了表达生产机械电气控制系统的结构、原理等设计意图,同时也为了便于电气系统的安装、调整、使用和维修,需要将电气控制系统中各电气元件及其连接用一定的图形表达出来,这种图就是电气图。

电气图是用电气图形符号、带注释的围框或简化外形来表示电气系统或设备中组成部分之间相互关系及其连接关系的一种图类。

二、电气图的种类

按照国家标准(GB 6988)的规定,电气图分为15种,电气专业职教高考技能测试训练可能要用到的有电路原理图、安装接线图、电气元件布置图,见表2-5。

表 2-5　常用电气图

名　称	含　义	用　途	绘图方法
电路原理图	用图形符号并按工作顺序排列,详细表示电路、设备或成套装置的全部基本组成和连接关系,而不考虑其实际位置的一种简图	便于详细了解电路工作原理,分析和计算电路特性,为绘制接线图提供依据	功能布局法
安装接线图	表示成套装置、设备或装置的连接关系的一种简图或表格	用来进行线路接线、线路检修	位置布局法
电气元件布置图	表明机械设备上所有电气设备和电气元件的实际位置	是电气控制备制造、安装和维修必不可少的技术文件	位置布局法

三、常用电气图的特点

元器件和连接线是电气图的主要表达内容。

1.电气控制电路图的特点

结构简单,层次分明。电气原理图一般由主电路、控制电路、保护电路、配电电路等组成。电路图中采用标准的图形符号、文字符号、带注释的方框或者简化外形来表示系统或设备中各组成部分之间的相互关系及其连接关系,而没有画出电气元器件的外形结构、具体位置和尺寸。

在电路图中,同一电器的各元件不按它们的实际位置画在一起,而是按其在线路中所起作用分画在不同电路中,但它们的动作却是相互关联的,必须标以相同的文字符号。在原理图中,各电器的触头位置都按电路未通电或电器未受外力作用时的常态位置画出。

2.电气元件布置图的特点

布置元件时应考虑器件的位置要与主电路有一定的对应,相同电器尽量摆放在一起,达到布局合理、间距合适、接线方便的效果。元件布置图举例如图 2-3 所示。

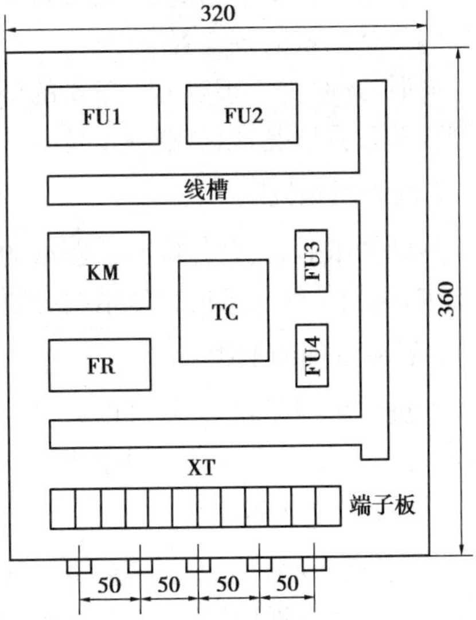

（1）体积大和较重的元件安装在电器板的下面,发热元件应安装在电器板的上面。

（2）将强电、弱电分开,并注意屏蔽,防止外界干扰。

（3）需要经常维护、检修、调整的电气元件,安装位置不宜过高或过低。

（4）电气元件的布置应考虑整齐、美观、对

图 2-3　元件布置图举例

称。外形尺寸与结构类似的电器安放在一起,以利加工、安装和配线。

(5)电气元件布置不宜过密,要留有一定的间距。元件间的距离应考虑元件的更换、散热、安全和导线的固定排列。元件左右以及上下间距应在 15~25 mm。必要时,应标出各元件间距尺寸。

3.安装接线图的特点

(1)各电器元件均按其在安装底板中的实际位置绘出。元件所占图面按实际尺寸以统一比例绘制。

(2)一个元件的所有部件绘在一起,并用点划线框起来,有时将多个电气元件用点划线框起来,表示它们是安装在同一安装底板上的。

(3)安装底板内外的电气元件之间的连线通过接线端子板进行连接,安装底板上有几条接至外电路的引线,端子板上就应绘出几个线的接点。

(4)走向相同的相邻导线可以绘成一股线。

(5)画连接线时,应标明导线的规格、型号、颜色、根数和穿线管的尺寸。

四、识读电气图的一般步骤

尽管电气项目的类别、规模大小、应用范围等不同,电气图的种类和数量相差很大。但识读比较复杂电气设备电气图的步骤是大致相同的。

阅读图纸的顺序没有统一的规定,可以根据需要自己的识图能力及工作需要灵活掌握,并应有所侧重。有时,一幅图纸需反复阅读多遍,即实际读图时,要根据电气图的种类对步骤作相应调整。

1.阅读电气设备使用说明书

阅读电气设备使用说明书,其目的是了解电气设备的总体概况及设计依据,了解图纸中未能表达清楚的各有关事项。

同时,还是为了了解电气设备的机械结构、电气传动方式、对电气控制的要求、设备和元器件的布置情况,以及电气设备的使用操作方法、各种开关、按钮等的作用。

2.阅读图纸说明

拿到图纸后,先要仔细阅读图纸的标题栏和有关技术说明,搞清楚电气图设计的内容和要求,就能了解图纸的大体情况,抓住看图的要点。

3.看系统图和框图

通过看系统图和框图,可以初步了解电气系统或分系统的基本组成、相互关系及主要特征,为下一步阅读电路原理图奠定基础。

4.看电路原理图

看电路原理图时,先要了解电路图中各组成部分的作用,分清主电路、辅助电路、交流回路、直流回路;再按照"先看主电路,后看辅助电路"的顺序进行识读。

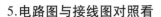

5.电路图与接线图对照看

接线图是以电路为依据的,因此要对照电路图来看接线图。看接线图时要根据端子标志、回路标号从电源端依次查下去,搞清线路走向和电路的连接方法,搞清每个回路是怎样通过每个元件构成闭合回路的。

五、看电路原理图的步骤

电路原理图主要由主电路和控制电路两大部分组成。主电路是电源向负载输送电能的电路,通常主电路中通过的电流较大,导线线径较粗。控制电路又称为辅助电路,是对主电路进行控制、保护、监测以及指示的电路,控制电路中通过的电流较小,导线线径较小。

(1)看主电路时,从下往上看;即从用电设备开始,经控制元件,依次往电源看。主电路一般所用元器件有:发电机、变压器、开关、熔断器、接触器主触点、电力电子器件和负载(如电动机、电灯等),看主电路的步骤如下:①看主电路的选用电器类型;②看电器是用什么样的控制元件控制,是用几个控制元件控制;③查看主电路中除电器以外的其他元件,以及这些元件所起的作用;④查看电源,包括电源的种类和电压等级。

(2)看控制电路时,从上往下,从左往右地看。要搞清控制电路的回路构成、各元件之间的相互联系和控制关系及其动作情况等(控制电路一般所用元件有继电器、指示灯、仪表、控制开关、接触器辅助触点等)。同时还要了解控制电路与主电路之间的相互关系,进而搞清整个电路的工作原理。

看控制电路时,最好是通过每条支路串联控制元件的相互制约关系来分析,然后再看该支路控制元件动作对其他支路中的控制元件有什么影响。采取逐渐推进法进行分析。控制电路比较复杂时,最好是将控制电路分为若干个单元电路,然后再将各个单元电路分开分析,以便抓住核心环节,使复杂问题简化。其步骤如下:①看辅助电路的电源(交流电源、直流电源);②弄清辅助电路的每个控制元件的作用;③研究辅助电路中各控制元件的作用之间的制约关系。

六、看接线图的步骤

看接线图时,先看主电路,后看控制电路。看主电路是从电源引入端开始,顺序经开关设备、线路到负载用电设备。看控制电路时,一般顺序是自上而下,从左向右;即从电源的一端到电源的另一端,按元件连接顺序对每一个回路进行分析。

识读接线图的一般步骤如下:

①分析清楚电气原理图中主电路和辅助电路所含有的元器件,弄清楚每个元器件的动作原理。

②弄清楚电气原理图和电气接线图中元器件的对应关系。

③弄清楚电气接线图中接线导线的根数和所用导线的具体规格。

④根据电气接线图中的线号,研究主电路的线路走向。

⑤根据电气接线图中的线号,研究辅助电路的走向。

识读安装接线图,先应弄清楚电路原理图,再结合电路原理图看安装接线图。如图2-4所示为接触器按钮双重连锁电气图。

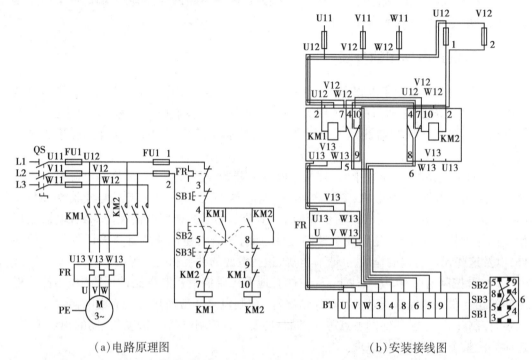

（a）电路原理图　　　　　　　　　　　　（b）安装接线图

图 2-4　接触器按钮双重连锁控制电路原理图和安装接线图

安装接线图可以是单线表示,也可以是多线表示,图2-4(b)采用的是多线表示。下面介绍其看图步骤。

(1)根据安装接线图中的线号研究主电路的线路走向和连接方法,如图2-4(b)所示。

QS另一出线端子L1、L2、L3与熔断器FU1的三个进线端子相接,FU1的另三个出线端点U12、V12、W12与接触器KM1和KM2的三个进线端子相连。KM1和KM2的出线端U13、V13、W13和热继电器FR的发热元件端子连接,发热元件的三个出线端子U、V、W通过端子排与电动机M连接,使电动机M获得三相电源。

(2)根据安装接线图中的线号研究控制电路的线路走向和连接方法。

从图2-4(a)可知:控制电路有两条小支路,即接触器KM1线圈支路和接触器KM2线圈支路,FU2的出线端,两条支路的线号分别为1-3-4-5-6-7-2-1-3-4-8-9-10-2。

(3)分清控制电路中的自锁和连锁及保护等功能。

根据线号分析,4、5号线通过KM1的常开触头,4、8号线通过KM2的常开触头,实现了自锁。5、6、7号线通过KM2的常闭触头和SB3的常闭触头,8、9、10号线通过KM1的常闭触头和SB2的常闭触头,实现了连锁。所有接电动机和接控制按钮的导线均接线端子XT。

七、识读电气图的一般方法

1. 先读机,后读电

先读机,就是应该先了解生产机械的基本结构、运行情况、工艺要求和操作方法,以便对生产机械的结构及其运行情况有总体了解。

后读电,就是在了解机械的基础上进而明确对电力拖动的控制要求,为分析电路做好前期准备。

2. 先读主,后读辅

先读主,就是先从主回路开始读图。首先,要看清楚电气设备由几台电动机拖动,各台电动机的作用,结合加工工艺与主电路,分析电动机是否有降压启动,有无正反转控制,采用何种制动方式。其次,要弄清楚用电设备是由什么电气元件控制的,有的用刀开关或组合开关手动控制,有的用按钮加接触器或继电器自动控制。几种常用元器件在电路中的作用见表2-6。

表 2-6　几种常用元器件在电路中的作用

序号	名称	作　用
1	组合开关（转换开关）	机床电气控制中主要做电源开关,不带负载接通或断开电源
2	熔断器	主要用于短路保护
3	控制按钮	在控制电路中,发出手动指令远距离控制其他电器,再由其他电器去控制主电路或转移各种信号
4	行程开关	将机械位移转换成电信号,使电动机运行状态发生改变
5	热继电器	主要做过载保护
6	时间继电器	从得到输入信号起,经过一定的延时后才输出信号的继电器
7	接触器	用来频繁地接通或分断带有负载的主电路控制电器

3. 化整为零、集零为整

先经过"化整为零",逐步分析每一局部电路的工作原理以及各部分之间的控制关系后。再用"集零为整"的方法检查整个控制线路,以免遗漏。特别要从整体角度去进一步检查和理解各控制环节之间的联系。

八、电气识图注意事项

一忌无头绪,杂乱无章。

电气读图时,应该是一张一张地阅读电气图纸,每张图全部读完后再读下一张图。如读该图中间遇有与另外图有关联或标注说明时,应找出另一张图,但只读关联部位了解连接方式即可,然后返回来再继续读完原图。读每张图纸时则应一个回路、一个回路地读。一个回路分析清楚后再分析下个回路。这样才不会乱,才不会毫无头绪、杂乱无章。

二忌烦躁,急于求成。

电气读图时,应该心平气和地读。尤其是负责电气维修的人员,更应该在平时设备无故障时就心平气和地读懂设备的原理,分析其可能出现的故障原因和现象,做到心中有数。否则,一旦出现故障,心情烦躁、急于求成,一会儿查这条线路,一会儿查那个回路,没有明确的目标。这样不但不能快速查找出故障的原因,也很难真正解决问题。

三忌粗糙,不求甚解。

电气读图时,应该是仔细阅读图样中表示的各个细节,切忌不求甚解。注意细节上的不同才能真正掌握设备的性能和原理,才能避免一时的疏忽造成的不良后果甚至是事故。

四忌不懂装懂,想当然。

电气读图时,遇到不懂的地方应该查找有关资料或请教有经验的人,以免造成不良的影响和后果。应该清楚,每个人的成长过程都是从不懂到懂的过程,不懂并不可怕,可怕的是不懂装懂、想当然,从而造成严重后果。

五忌心中无数。

电气读图时一定要做到心中有数。尤其是比较大或复杂的系统,常常很难同时分析各个回路的动作情况和工作状态,适当进行记录,有助于避免读图时的疏漏。

【任务练习】

一、判断题

1.照明平面图是一种位置简图,主要标出灯具,开关的安装位置。　　　　　(　　)

2.电气工程图是表示信息的一种技术文件,没有固定的格式和规定。　　　(　　)

3.电路图是表示电气装置、设备元件的连接关系,是进行配线、接线、调试和维护不可缺少的图纸。　　　　　　　　　　　　　　　　　　　　　　　　　　(　　)

4.电气系统图主要表示电气元件的具体情况,具体安装位置和具体接线方法。

(　　)

二、选择题

1.(　　)表示了电气回路中各元件的连接关系,用来说明电能的输送、控制和分配关系。

　　A.电路图　　　　　B.电气接线图　　　C.电气系统图　　　D.配电图

2.(　　)是表现电气工程中设备的某一部分的具体安装要求和做法的图纸。

　　A.详图　　　　　　B.电气平面图　　　C.设备布置图　　　D.简略图

3.电灯 L1 在 5 号大楼的 432 房间,用项目代号表示为( )。

A.=L1+432−5　　　B.+5−432=L1　　　C.+432−5=L1　　　D.=5+432−L1

4.电器位置图按照电气设备的( )进行布局。

A.水平　　　　　　　B.功能　　　　　　　C.垂直　　　　　　　D.实际位置

三、看图题

如图 2-5 所示为某楼层电气照明平面布置图,试绘出配电线路和导线根数并标明灯具安装代号。

提示:线路为吊顶内电管暗敷,P1 为照明回路,P2 为插座回路。花灯为吸顶式,每套花灯中装有 5 只 25 W 白炽灯;壁灯离地 2.0 m,灯泡为 60 W;荧光灯为链吊式安装,每套荧光灯内装两根 45 W 的灯管。

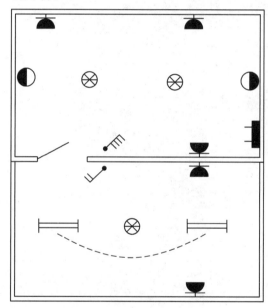

图 2-5　某楼层电气照明平面布置图

项目三

常用电工工具使用

【项目导读】

照明与插座电路和三相异步电动机控制线路的安装与调试，需借助常用的电工工具，将电路中低压电器通过导线正确连接起来，并实现所需功能。考试中所需的常用电工工具有验电笔、螺丝刀、剥线钳和压线钳等。本项目着重介绍常用电工工具的使用方法及注意事项。

任务一　验电笔的使用

【任务目标】

能掌握电笔验电的使用方法及注意事项。

能正确运用电笔解决实训中遇到的简单问题。

【任务实施】

验电笔可用来判断电路中的零线和火线,也可测试导线、开关、插座等电器及电气设备是否带电。验电笔分为接触式和非接触式两类。

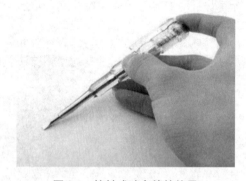

图 3-1　接触式验电笔的使用

一、接触式验电笔

接触式验电笔由触头、氖管、降压电阻和笔帽(接地用)等组成。

使用方法:用手指握住验电笔身,食指触及笔身的金属体(尾部),验电笔的小窗口朝向自己的眼睛,以便于观察,如图 3-1 所示。如果带电体有电流通过并使得电路通畅,则验电笔的氖泡发光。

一般电工用验电笔的测试范围为 60 ~ 500 V,严禁用它测高压电。

使用时的注意事项:使用试电笔时,一定要用手触及试电笔尾端的金属部分,否则,因带电体、试电笔、人体与大地没有形成回路,试电笔中的氖泡不会发光,造成误判,认为带电体不带电。

二、非接触式验电笔

非接触式电笔用一个工字电感当做天线,几个三极管组合作为放大器电路,如图 3-2 所示。电感的一端接三极管的 b 极,另一端悬空,当将电感靠近火线时感应出微弱的电流,经三极管一级级放大后点亮 LED 夜视灯并让蜂鸣器发声,从而判断出零火线。

非接触式电笔采用感应式测试,无须物理接触,可检查控制线、导体和插座上的电压或沿导线检查断路位置。可以极大限度地保障检测人员的人身安全。

蜂鸣器

内置感应灯

LED夜视灯开关

LED夜视灯

感应笔头

图 3-2　非接触式验电笔

使用时的注意事项:现在非接触式验电笔种类很多,详细的使用方法及注意事项需查看相应的说明书。

【任务练习】

实训题

分别使用两种验电笔检测实训室插座的火线和零线。

任务二 电工钳的使用

【任务目标】

能掌握尖嘴钳、剥线钳、压线钳等常用电工钳的使用方法及注意事项。

能正确应用电工钳解决实训中的简单问题。

能正确保管和保养电工钳。

【任务实施】

一、尖嘴钳

尖嘴钳的结构如图 3-3 所示,由尖头、刀口、钳柄等构成。

图 3-3 尖嘴钳实物图

作用:尖嘴钳由于头部尖细,适用于在狭小的工作空间操作。主要用于夹持较小物件,也可用于弯绞导线,剪切较细导线和其他金属丝,还可对单股导线进行弯曲和平整。

使用方法:尖嘴钳使用中的握法分为平握法和立握法两种,如图 3-4 所示。

使用时的注意事项:

(1)在使用尖嘴钳以前,先应检查绝缘手柄的绝缘是否完好,如果绝缘破损,进行带电作业时会发生触电事故。

(2)用尖嘴钳剪切带电导线时,不能用刀口同时剪切火线和零线,也不能同时切断两根相线,而且两根线的断点应保持一定距离,以免发生短路事故。

(3)保护钳头部分,钳夹物体不可过大,用力时切忌过猛。

(4)钳轴要经常加油,防止生锈,影响钳子的使用。

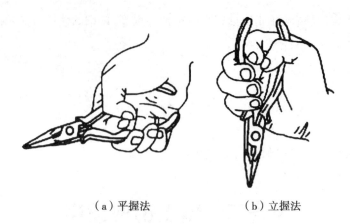

（a）平握法　　　　　（b）立握法

图 3-4　尖嘴钳横握法与立握法示范

二、钢丝钳

钢丝钳由钳口、齿口、刀口、钳柄等构成,如图 3-5 所示。常用钢丝钳的规格有 150 mm、175 mm、200 mm 三种。

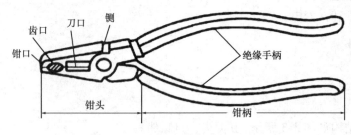

图 3-5　钢丝钳结构图

作用:钢丝钳主要用于剪切、绞弯、夹持金属导线,也可用作紧固螺母、切断钢丝等。

使用方法:钢丝钳的常见使用方法如图 3-6 所示。

钢丝钳使用时的注意事项同尖嘴钳。

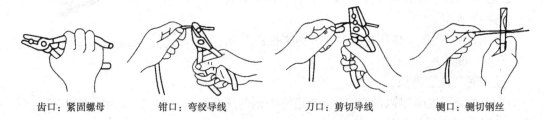

齿口:紧固螺母　　　钳口:弯绞导线　　　刀口:剪切导线　　　铡口:铡切钢丝

图 3-6　钢丝钳的使用方法

三、斜口钳

斜口钳又名断线钳,由钳头和钳柄组成,如图 3-7 所示。

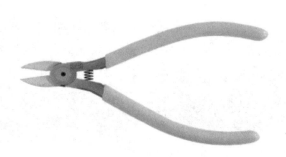

图 3-7 斜口钳实物图

作用:斜口钳主要用于剪切导线和元器件多余的引线,还常用来代替一般剪刀剪切绝缘套管、尼龙扎线卡等。刀口可用来剖切软电线的橡皮或塑料绝缘层。

使用方法:剪切电线时,将钳口朝内侧,便于控制剪切部位,用小指伸在两钳柄中间来抵住钳柄,张开钳头,这样分开钳柄更加灵活。当斜口钳用于剪切元器件多余引线时,将钳口朝向印制板方向来剪切。

使用时的注意事项:使用钳子要量力而行,不可以用它来剪切钢丝、钢丝绳、过粗的铜导线和铁丝,否则容易导致钳子崩牙和损坏。

四、剥线钳

剥线钳主要由刀口、压线口和钳柄组成,如图 3-8 所示。剥线钳分为 0.5~3 mm 等多个直径切口,主要用于剥削不同规格的线芯,也可用于切断截面积 1.5 mm^2 以下的导线。

作用:剥线钳主要用来剥离截面积 6 mm^{2}以下塑料或橡胶绝缘导线的绝缘层,使导线的线芯裸露;也可用刀口切断截面积 1.5 mm^2 以下的导线。

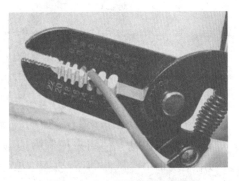

图 3-8 手动式剥线钳实物图

使用方法:

(1)根据缆线粗细型号,选择相应的剥线刀口。

(2)将准备好的电缆放在剥线工具的刀刃中间,选好要剥线的长度。

(3)握住剥线钳手柄,将电缆夹住,缓缓用力使电缆外表皮慢慢剥落。

(4)松开工具手柄,取出电缆线,这时电缆金属整齐露出外面,其余绝缘塑料完好无损。

使用时的注意事项:使用时钳口大小须与导线芯线直径相匹配,钳口过大难以剥离绝缘层,钳口过小则会切断芯线。例如 1.5 mm^{2}的导线可用剥线钳 1.6 钳口剥线,1.0 mm^{2}的导线可用 1.3 钳口剥线,如图 3-9 所示。

图 3-9　剥线钳的使用示范

五、压线钳

压线钳主要由压接口和手柄构成,常用的压线钳如图 3-10 所示。

(a)棘轮式端子压线钳　　　　　(b)套管式端头专用钳

图 3-10　常用压线钳实物图

作用:压线钳是一种用来压制电线金属头的一种工具。图 3-10(a)是棘轮式端子压线钳,用于实训中冷压针的压接;图 3-10(b)是套管式端头专用钳,用于实训中冷压叉的压接。

使用方法:使用时先将导线用剥线钳拔出金属丝,再将金属丝插入金属芯内,然后将整个金属丝和金属芯放入匹配压线钳的凹槽中,最后一手紧握手柄,慢慢下压,完成压线。冷压针和冷压叉的压接方法如图 3-11 所示。

图 3-11　压线钳使用示范

使用时的注意事项：

（1）导线插入冷压针端子尾时，需要将导线胶皮部分插入 1 mm 左右，使线芯与冷压针口齐平；用压线钳压制时，将冷压针头全部放入钳口内，否则会导致导线压接不紧，接触不良，如图 3-12 所示。

（2）导线插入冷压叉端子尾时，需要将导线线芯伸出端子头 1 mm 左右；压接时应将冷压叉内部圆环与导线压实。

（3）压线钳压到位后，钳口会自动松开，再用手拽下导线，以防压接不牢固，形成虚接，给后续排故带来困难。

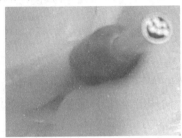

图 3-12　冷压端子压接工艺示范

【任务练习】

判断题

1.为了快速剪切带电导线，可用一把钳子同时剪切火线和零线。　　　　（　　）

2.剪去元器件多余的引线，最合适的工具为斜口钳。　　　　（　　）

3.对单股导线进行弯曲和平整，最好使用尖嘴钳。　　　　（　　）

任务三　螺丝刀的使用

【任务目标】

能掌握螺丝刀的使用方法及注意事项。

能正确使用螺丝刀解决实训中的简单问题。

【任务实施】

螺丝刀主要由刀柄和刀体组成，实训中所用的螺丝刀有十字型和一字型两种，如图 3-13 所示。

作用：主要用来拧紧和拆卸各种规格的螺钉。

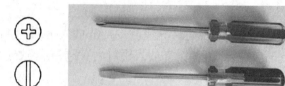

图 3-13　常用螺丝刀实物图

使用时的注意事项：

（1）根据螺钉大小及规格选用相应尺寸的螺丝刀,否则容易使螺钉滑丝、损坏螺丝刀。

（2）带电操作时不能使用穿心螺丝刀。

（3）螺丝刀不能当凿子用。

（4）螺丝刀手柄要保持干燥清洁,以免带电操作时发生漏电。

（5）顺时针拧紧后期和逆时针拧松前期,使用螺丝刀时应将掌心向下用力顶住螺丝钉,使用腕力。否则容易造成螺丝钉滑丝,螺丝刀刀口损伤。

【任务练习】

实训题

分别使用一字和十字螺丝刀在安装板上快速固定和拆卸螺丝钉。

项目四

常用电工材料选用

【项目导读】

　　在照明与插座电路和三相异步电动机控制线路的安装技能考试中所用到的电工材料主要有导线、号码管、端子排、冷压针、冷压叉、木螺丝、螺钉、线槽、绝缘胶带等。本项目着重介绍各种基本电工材料在技能考试中的正确选用。

任务一　导线的选用

【任务目标】

了解导线型号的标注,了解选择导线截面积的规则。

了解 BVR 导线与 RV 导线的相同点和不同点。

【任务实施】

一、导线的型号

导线能将电路的各部分连接起来,形成闭合的回路,让电路能正常工作。在电气安装中常用的导线如图 4-1 所示,主要是 BV、BVR、RV 等类别的铜芯导线,这三个字母分别代表不同的含义。

B——表示类别,属于布电线,B 就是布的拼音首字母。

V——表示 PVC 聚氯乙烯,也称塑料。指导线绝缘层用的材料是聚氯乙烯塑料。

R——表示软的意思,要做到软,就要减小导线横截面积,增加导线根数。

BV 线为硬线,线芯为单股单根;BVR 线、RV 线是由多股细丝绞合而成的多股单芯软线。由于 BV 线硬度较大,适用于穿管;而 BVR 线比较软,所以适用于非穿管的场合。

BV硬线　　　BVR软线　　　RV超软线

图 4-1　常用导线实物图

二、导线的选用规则

导线的规格常用横截面积——平方毫米(mm^2)来表示。在导线材质一定的前提下,横截面积直接决定了导线的载流量。具体的导线规格选择要根据线路的实际功率和电流来决定,往往会留一定的余量来保证线路的安全。

在家庭及类似场所的强电线路中,常用导线规格:1.5 mm^2、2.5 mm^2、4.0 mm^2、

6.0 mm²、10.0 mm²等。

在技能实训照明与插座安装电路中,主要用 1.5 mm²的单股硬铜线(BV 线)。火线用红色线,零线用蓝色线,地线用黄绿双色线。

在技能实训三相异步电动机控制线路的安装中,主回路一般用 1.5 mm²的红色单股硬铜线(BV 线);控制回路一般用 1.0 mm²的黑色多股软铜线(BVR 线或者 RV 线)。

【知识探究】

BVR 导线与 RV 导线有何异同?

BVR 导线是铜芯聚氯乙烯绝缘层软护线套电缆电线,也称多股软铜线。

RV 导线是铜芯聚氯乙烯绝缘层连接软电缆线,也称多股超软铜线,相对 BVR 线来说,绝缘层内每根导线更细、根数更多。RV 导线在工业生产配电设备行业中被普遍应用,特别适用于规定比较严苛的软性安装场地,如电器柜、配电柜、低压电气机器设备等。RV 导线在电力工程中用于电气控制系统数据信号及电源开关数据信号的传送。RV 导线选用软构造的设计方案,电导体弯曲半径较小,适用潮湿多油的安装场地。

1.相同点

(1)两种电线都属于软电线,都由多股铜丝组成,都叫聚氯乙烯绝缘软电线。

(2)两种电线结构都很简单,都由导体加聚氯乙烯绝缘层组成。

(3)两种电线都有多种颜色:红、黄、黑、蓝、绿、黄绿双色等。

2.不同点

(1)耐压不同:BVR 导线属于布电线类,一般额定电压为 450/750 V,而 RV 导线多用于机械内部作为连接电源用线,适用电压较高,有 450 V/750 V、600/1 000 V 等。

(2)导体不同:BVR 导体属于 2 类软导体,RV 导体属于 5 类导体。

(3)用途不同:BVR 导线多用作布电线,用于固定布线时要求柔软的场合,很多时候可以代替 BV 导线使用;RV 导线则多用于各种电器或者机械内部连接用线,安防设备、仪器仪表时也经常会用到它,由于它更软,也因此得名"电子线"。

(4)耐温不同:常规 BVR 导线工作温度不能超过 70 ℃,RV 导线则可以达到 80 ℃。

(5)外表不同:从外表上看,RV 导线要比 BVR 导线更软;其次,BVR 导线的铜丝要比 RV 导线的铜丝粗。

【任务练习】

实训题

辨认实训室的导线,并能合理选择照明电路和电动机控制电路中所用的导线。

任务二　配电板布线材料的选用

【任务目标】

了解高考技能考试时照明与插座电路安装、三相异步电动机控制电路安装所常用的电工材料的特点、用途及使用范围。

了解常用电工材料技术参数的含义,了解电工材料的性能、组成、规格和型号的含义。

能根据实际操作需要合理选用电工材料。

【任务实施】

一、号码管

号码管是指用于配线标识的套管,又称线号标识套管,有内齿,可以牢固地套在线缆上,材质一般为PVC,可适用于 $0.5\sim6.0\ mm^2$ 的配线上。

在技能实训中常用的号码管如图4-2所示。

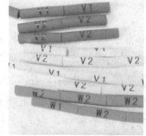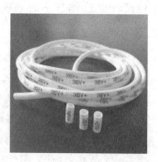

图4-2　号码管实物图

号码管的规格有 $0.75\ mm^2$、$1.5\ mm^2$、$2.5\ mm^2$、$4.0\ mm^2$、$6.0\ mm^2$ 等,在使用时其规格与电线规格相匹配,如 $1.5\ mm^2$ 电线应选用 $1.5\ mm^2$ 的号码管;有时为了使号码管套在冷压端子上起绝缘作用,内径要选粗一点的号码管,比如 $1.5\ mm^2$ 的线要选用 $2.5\ mm^2$ 的号码管。

使用号码管时的注意事项:

(1)端子排或者用电设备大小不一,排列参差不齐时,号码管应相互对齐,排列成行。

(2)导线在端子处单个独立接线时,号码管应紧靠端子一侧。

(3)导线在端子或者用电设备上成排接线时,端子排或电气元件大小一致时,号码管应紧靠接线端子侧。

(4)号码管编号一般依据电路原理图从上到下、从左到右的顺序编号。

【知识探究】

电路图中如何给各接线点编号呢?

在如图 4-3 所示的两台三相异步电动机顺序启动控制电路图中,主电路和控制电路均采用等电位点同号法的方式标注了线号。

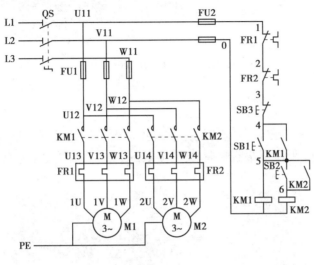

图 4-3

二、端子排

在技能实训中所用接线端子排如图 4-4 所示。

作用:方便接线;查线方便;发生故障时测量方便等。

使用端子排时的注意事项:

(1)连接线路时,如果端子排水平放置,则一般采用上方接进线,下方接出线的方式;如果端子排垂直放置,离元器件近的那端接出线,另一端接进线。

(2)接线完成后应将端子排盖在板盖上。

图 4-4　接线端子排实物图

三、冷压针

冷压针是用于实现电气连接的一种电气配件,其外形如图 4-5 所示。在三相异步电动机控制回路安装中将用到冷压针。连接交流接触器的辅助触点和热继电器辅助触点上的导线头子需要接上冷压针,其按钮内部一般不接冷压针。

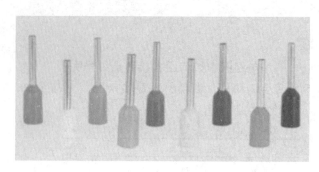

图 4-5　铜鼻子之冷压针实物图

四、冷压叉

冷压叉主要用于三相异步电动机控制线路中的主回路接线,其形状如图 4-6 所示。冷压叉主要用于 3P 低压断路器两端、交流接触器主触点、热继电器主触点、端子排等接线场合。

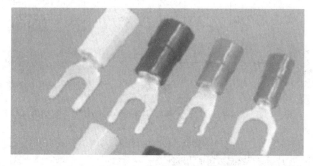

图 4-6　铜鼻子之冷压叉实物图

五、螺钉

螺钉起固定作用,一般用于将线槽、灯座和插座等固定到安装板上。技能实训中常用螺钉如图 4-7 所示。螺钉的应用如图 4-8 所示。

图 4-7　实训使用螺钉实物图

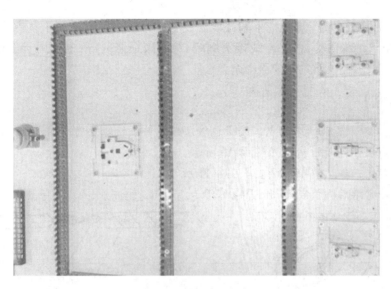

图 4-8 螺钉应用示例

六、线槽

技能实训中所用线槽的外形如图 4-9 所示。其中,图 4-9(a)用于电机控制回路安装,图 4-9(b)用于照明电路安装。

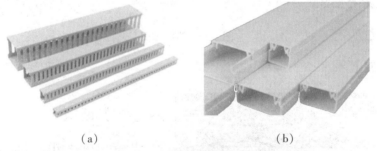

（a） （b）

图 4-9 实训使用线槽实物图

作用:线槽又称行线槽、配线槽、走线槽等,采用 PVC 塑料制造,具有绝缘、防弧、阻燃自熄等特点,主要用于电气设备内部布线。在 1 200 V 及以下的电气设备中,对敷设其中的导线起机械防护和电气保护作用。使用线槽后,配线方便,布线整齐,安装可靠,便于查找、维修和调换线路。

安装时,线槽连接口处应平整,接缝处紧密平直;槽盖装上应平整,无翘角,出线口位置正确。

电线槽包括基座和上盖两部分。在线路安装完毕,检查无误后应将线槽的上盖盖上。

七、电工胶带

电工胶带全称为聚氯乙烯电气绝缘胶粘带,专指电工使用的用于防止漏电,起绝缘作用的胶带。

电工胶带可在 600 V 电压以下和环境温度 70 ℃以下使用,适用于室内和室外电线、电缆接驳、电气绝缘防护,例如电线接头缠绕,绝缘破损修复等;也可用于工业过程中捆绑、固定、搭接、修补、密封、保护等用途。

【知识探究】

采用电工胶带包缠法恢复导线绝缘层

(1)从两根带宽开始包缠,如图 4-10 所示。

(2)压带宽一半呈斜 45°缠绕,如图 4-11 所示。

(3)包缠完毕后绑扎牢固,如图 4-12 所示。

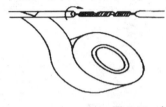 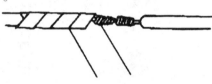

图 4-10　包缠　　　　　图 4-11　缠绕

图 4-12　绑扎牢固

【任务练习】

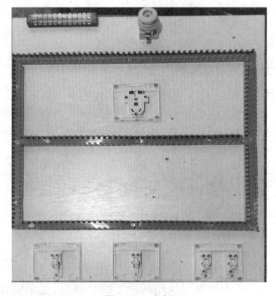

图 4-13　木板

一、判断题

1.号码管选用时可以不看规格,只要能套上导线就行。　　　　（　　）

2.端子排上的接线柱都是各自独立的。　　　　　　　　　　（　　）

二、实训题

1.选用合适的压线钳压接冷压针和冷压叉。

2.按图 4-13 所示在木板上安装行线槽。

项目五

常用电工仪表使用

【项目导读】

电工测量是借助各种电工仪表对电气设备或电路的相关物理量进行测量，以便了解和掌握电气设备的特性和运行情况，检查电气元件的质量好坏。常用的电工测量仪表包括电压表、电流表、万用表、钳形电流表、兆欧表、接地电阻测量仪、电能表等。本项目着重介绍万用表、兆欧表、钳形电流表等电工仪表使用的相关知识。

任务一　万用表的使用

【任务目标】

能认识万用表的面板,了解万用表的结构,知道万用表的基本功能。

能正确使用万用表测量控制电路的电阻、电压、电流等基本电参量。

能掌握使用万用表的注意事项。

【任务实施】

万用表又称多用表,用来测量直流电流、直流电压、交流电流、交流电压、电阻等,有的万用表还可以用来测量电容、电感、晶体二极管、三极管的某些参数等。万用表可分为模拟式万用表和数字式万用表。

一、模拟式万用表

模拟式万用表即指针式万用表,主要由测量机构、测量线路和转换开关三部分组成。常用万用表的外形如图 5-1 所示,下面以 MF-47 型指针式万用表为例作介绍。

图 5-1　指针式万用表实物图

1.MF-47 型指针式万用表的构成

测量机构(俗称"表头"):万用表测量机构的作用是把过渡电量转换为仪表指针的机械偏转角。

测量线路:测量线路的作用是把各种不同的被测电量(如电流、电压、电阻等)转换为磁电系测量机构所能接受的微小直流电流(即过渡电量)。测量线路中使用的元器件主要包括分流电阻、分压电阻、整流元件等。MF-47 型指针式万用表预留一节 9 V 和一节 1.5 V 的干电池孔位。

转换开关:转换开关的作用是把测量线路转换为所需的测量种类和量程。

2.MF-47 型指针式万用表的工作原理

MF-47 型指针式万用表的基本工作原理是利用一只灵敏的磁电式直流电流表(微安表)做表头,当微小电流通过表头,就会有电流指示。但表头不能通过大电流,所以,必须在表头上并联与串联一些电阻进行分流或降压,从而测出电路中的电流、电压和电阻。

3.MF-47 型指针式万用表的测量功能

(1)测直流电流原理:在表头上并联一个适当的电阻(叫分流电阻)进行分流,就可以扩展电流量程。改变分流电阻的阻值,就能改变电流测量范围。

(2)测直流电压原理:在表头上串联一个适当的电阻(叫倍增电阻)进行降压,就可以扩展电压量程。改变倍增电阻的阻值,就能改变电压的测量范围。

(3)测交流电压原理:因为表头是直流表,所以测量交流时,需加装一个并、串式半波整流电路,将交流进行整流变成直流后再通过表头,这样就可以根据直流电的大小来测量交流电压。扩展交流电压量程的方法与直流电压量程相似。

(4)测电阻原理:在表头上并联和串联适当的电阻,同时串接一节电池,使电流通过被测电阻,根据电流的大小,就可测量出电阻值。改变分流电阻的阻值,就能改变电阻的量程。

4.MF-47 型指针式万用表的认识

1)插孔

(1)"NPN、PNP"插孔:检测两种类型的三极管的极性和好坏的引脚插孔。

(2)"+"插孔:正极性插孔,测量时电流从这里流入表头,此插孔与红表笔相连。

(3)"−"或"COM"插孔:负极性插孔,测量时电流从这里流出表头,此插孔与黑表笔相连。

(4)"2 500V≃"插孔:表示此插孔能测量最大交流、直流电压值为 2 500 V。因此测量 1 000~2 500 V 的电压应选用此插孔。

(5)"5 A"插孔:表示此插孔能检测到的最大电流为 5 A。

2)表盘刻度与读数(图 5-2)

图 5-2 指针式万用表刻度盘

第一条刻度:电阻值刻度(读数时从右向左读)

被测阻值=指针值×挡位量程值(倍率)

第二条刻度:交、直流电压电流值刻度(读数时从左向右读)

被测交、直流电压电流值=根据所选挡位来均分刻度盘所对应的读数

5.MF-47 型指针式万用表的使用

1)使用的注意事项

(1)进行测量前,先检查红、黑表笔连接的位置是否正确。红表笔接到红色接线柱或标有"+"号的插孔内,黑表笔接到黑色接线柱或标有"-"号的插孔内。红黑表笔不能接反,否则在测量直流电量时会因正负极的反接而使指针反转,损坏表头部件。

(2)在表笔连接被测电路之前,一定要查看所选挡位与测量对象是否相符。否则,误用挡位和量程,不仅得不到测量结果,而且还会损坏万用表。

(3)测量时,需用右手握住两支表笔,手指不要触及表笔的金属部分和被测元器件。尤其是测量电阻、电容等小电子元器件时要注意这个问题。

(4)测量中若需转换量程,必须在表笔离开电路后才能进行,否则选择开关转动产生的电弧易烧坏选择开关的触点,造成接触不良的事故。

(5)在实际测量中,经常要测量多种电量,每一次测量前要注意根据测量任务把选择开关转换到相应的挡位和量程。

2)测量电阻

(1)装好电池(一节 9 V 和一节 1.5 V 的干电池),安装时注意电池的正负极。

(2)插好表笔,"-"插孔接黑表笔,"+"插孔接红表笔。

(3)机械调零:万用表在测量前,应注意水平放置时,表头指针是否处于交直流挡标尺的零刻度线上。若不在零位,应通过机械调零的方法(即使用小螺丝刀调整表头下方机械调零旋钮)使指针回到零位。

(4)选择量程。

①试测。先粗略估计所测电阻阻值,再选择合适量程,如果被测电阻不能估计其值,一般情况将开关拨在"R×100"或"R×1k"的位置进行初测,然后看指针是否停在中线附近,如果是,说明挡位合适。

②选择正确挡位。测量时,指针停在中间或附近。如果指针太靠零,则要减小挡位;如果指针太靠近无穷大,则要增大挡位。

(5)欧姆调零:量程选准以后在正式测量之前必须进行欧姆调零,否则测量值有误差。方法:将红黑两笔短接,看指针是否指在零刻度位置,如果没有,调节欧姆调零旋钮,使其指在零刻度位置。

注意:如果重新换挡以后,在正式测量之前也必须进行欧姆调零。

(6)测量与读数。

测量注意事项:①不能带电测量。

②被测电阻不能有并联支路(尤其是在测量电阻、电容等小电子元器件时要格外注意;不能用手捏住两支表笔和针脚,此时人体成了并联电阻,会引起测量误差)。

读数：

被测阻值=指针值×挡位量程值（倍率）

如测量某色环电阻,选择倍率为"×1k",指针指向"24",则被测电阻阻值为 24 kΩ。

(7)挡位复位:将挡位开关打在 OFF 位置或打在交流电压"1 000 V"挡。

3)测量交流电压

(1)安装好电池。

(2)插好表笔,"−"插孔接黑表笔,"+"插孔接红表笔。

(3)机械调零。

(4)量程的选择:将选择开关旋至交流电压挡相应量程进行测量。如果不知道被测电压的大致数值,需将选择开关旋至交流电压挡最高量程上预测,然后再旋至交流电压挡相应的量程上进行测量。

注意:被测电压超出 1 000 V 时,应将红表笔插入 2 500 V 插孔测量。

(5)测量与读数。

①将两表笔并接在被测电压两端进行测量(测量交流电时表笔不分正负极)。

②读数选择第二条刻度,根据所选择的量程来选择刻度进行读数。

注意:测量高压时,要站在干燥绝缘板上,并一手操作,防止意外事故。

(6)挡位复位。

4)测量直流电压

测量直流电压的方法同测量交流电压,但在并接被测直流电压时务必注意:必须将红表笔接触被测直流电压的高电位(正极),黑表笔接触被测直流电压的低电位(负极),否则会造成表头指针反偏而损坏。

知识窗

未知被测直流电压的大小和极性的处理方法:

应将万用表掷在直流电压最大的量程挡位上,将黑表笔接触被测电压的一端,用红表笔快速地碰触被测电压的另一端,观看表针方向,向左错误,应调换表笔再测。表针偏向右正确,表示表笔连接极性正确,再观察表针摆动幅度,调整量程从大到小,直到表针指向中心范围,量程才合适。

5)测量直流电流

测量步骤和方法同直流电压,但测量时表笔应串接在电流回路中,红表笔接正与电源正极串联,黑表笔接负与负载串联。

注意:被测电流大于 500 mA 时,量程选 500 mA 挡,应将红表笔插入 10 A 插孔中测量。

【知识探究】

技能实训　使用指针式万用表判定三相异步电动机三相绕组首尾端

　　将三相绕组的 6 个端头从接线板上拆下,先用万用表电阻"R×1"挡测任意两个端头之间的电阻,如果某次测量阻值为零则说明那两个端头分别是某相绕组的首、尾端。使用同样的方法可测出另外两相绕组的首尾端。为方便描述,将 6 个端头分别编为 1 号、2 号、3 号、4 号、5 号、6 号,如图 5-3 所示。

　　将 3、4 号绕组端接万用表正、负端钮,并规定接正端钮的为首端,将万用表置于直流最低毫安挡。

　　将一相绕组的 1、2 端分别接低压直流电源正、负极,并规定接正极的 1 端为首端;将另一相绕组的 3、4 端接万用表红、黑表笔,将万用表置于直流最低毫安挡。

　　在闭合开关 S 瞬间,如电流表指针向右偏转,则与直流电源正极相接的 1 端和与万用表红表笔相接的 3 端为同极性端,均为首端。反之,2 与 4 也是同极性端,均为尾端。用同样办法,可判断出第三相绕组的 5、6 两端谁为首端、谁为尾端。规定 1、2 端绕组为 U 相、3、4 端绕组为 V 相、5、6 端绕组为 W 相,即可填出对应端子的编号。

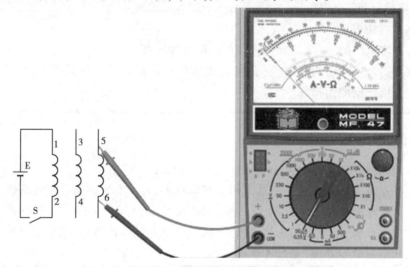

图 5-3　判定三相异步电动机三相绕组首尾端

二、数字式万用表

　　数字万用表一般具有电阻测量、电压测量、电流测量、通断声响检测、二极管正向导通电压测量、三极管放大倍数及性能测量等。有些数字万用表增加了电容容量测量、频率测量、温度测量、数据保持等功能,主要由液晶显示器、电源开关、转换开关、面板等几部分组成。下面以 UNI-T(优利德)UT33D 型数字万用表为例作介绍。

1.UT33D 型数字万用表原理图和实物图

UT33D 型数字万用表实物图如图 5-4 所示。

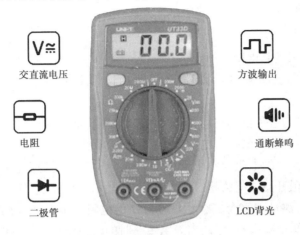

交直流电压　　方波输出

电阻　　通断蜂鸣

二极管　　LCD背光

图 5-4　UT33D 型数字万用表实物图

2.基本构造

UT33D 型数字万用表主要由液晶显示器、转换开关、表笔插孔等部分组成。

1）液晶显示器

液晶显示器（LCD）主要用于显示测量项目、测量数字、计量单位、状态等。除数字显示以外，其他内容的显示都是用字母或符号表示，从液晶显示屏上可以直接读出测量结果和单位，避免读数误差以及测量结果的换算等。

2）转换开关

数字万用表的量程转换开关位于表的中间，如图 5-4 所示，量程开关和功能开关合用一只开关，并且功能多、测量范围广。

3）表笔插孔

表笔插孔一般有 3 个，标有"COM"字样的为公共插孔，应插入黑表笔，标有"V Ω mA⎍"字样的应插入红表笔，用于测量交直流电压值、电阻值、200 mA 以下直流电流值和输出方波等。左侧的标有"10Amax"字样的应插入红表笔，用于测量 200 mA 以上的大电流。

注意：

①在测量电压或电流时，不能确定被测数值范围的情况下，应首选高挡位。

②不要测量 500 V 以上的电压值，否则容易损害万用表内部电路。

③无论测交流、直流电压，都要注意人身安全，不要随便用手触摸表笔的金属部分。

3.测量功能及挡位量程

"V～"测量交流电压，有 200 V、500 V 两挡。

"V ⎓"测量直流电压，有 200 mV、2 000 mV、20 V、200 V、500 V 5 挡。

"Ω"测量电阻，有 200 Ω、2 000 Ω、20 kΩ、200 kΩ、20 MΩ、200 MΩ 6 挡。

"A ▬" 测量直流电流, 有 2 000 μA、20 mA、200 mA、10 A 4 挡。

"▢" 用于输出方波。

"•))) ▸┤" 测量电路通断和二极管极性。

4.数字万用表的使用

1)用数字万用表测量电阻

①使用数字万用表测量电阻值时, 在任何挡位都无须调零, 读数直观、准确、精确度高。

②测量电阻时, 为避免仪器损坏和伤及用户, 在测量前必须先将被测电路内所有的电源关断, 并将所有电容器上的残余电荷放尽, 才能进行测量。

③如果表笔短路时的电阻值不小于 0.5 Ω 时, 应检查表笔是否有松脱或其他异常。

④如果被测电阻开路或阻值超过仪表量程时, 显示屏将显示"OL"。

⑤测量低阻时, 测量表笔会带有 0.1～0.2 Ω 的电阻测量误差, 为了获取精确的数值, 可以用测量得到的阻值减去红、黑两支表笔短路时的阻值便是最终的电阻阻值。

⑥测量高阻时, 可能需要数秒时间后方能稳定读数, 这属正常现象。

· 电阻挡的典型应用

(1)用数字万用表测量人体电阻。

①将红表笔插入"VΩmA▢"插孔, 黑表笔插入"COM"插孔。

②打开万用表的电源开关, 将量程转换开关旋至电阻挡"200 MΩ"量程。

③对万用表进行开路和短路试验:两支表笔开路时, 万用表的液晶显示器显示"1";将两支表笔短接, 液晶显示器显示"0", 开路短路试验合格。

④双手分别握住黑、红表笔。

⑤当液晶显示器读数基本稳定时, 读数并记录。

注意:不同人的人体电阻值不尽相同, 并且手握表笔的力度与手的湿润情况都将影响所测结果。

(2)用数字万用表测一只标有 4.6 kΩ 色环电阻的阻值。

①将红表笔插入"VΩmA▢"插孔, 黑表笔插入"COM"插孔。

②打开万用表的电源开关, 将量程转换开关旋至"20 kΩ"挡。

③对万用表进行开路和短路试验:两支表笔开路时, 万用表的液晶显示器显示"OL";将两支表笔短接, 液晶显示器显示"0", 开路短路试验合格。

④将表笔跨接在电阻的两端, 读数最后稳定为 4.58 kΩ。

(3)用数字万用表测交流接触器线圈的直流电阻。

①将红表笔插入"VΩmA▢"插孔, 黑表笔插入"COM"插孔。

②打开万用表的电源开关, 将量程转换开关旋至"200 MΩ"挡(最大挡位)。

③对万用表进行开路和短路试验:两支表笔开路时, 万用表的液晶显示器显示"OL";将两支表笔短接, 液晶显示器显示"0", 开路短路试验合格。

④将表笔跨接在线圈的首末端(分别接线圈的 A1、A2 接线柱), 读数最后稳定为

1.61 kΩ。

【知识探究】

可以使用万用表测量绝缘电阻吗？

使用数字万用表测量的是直流电阻，可以反应元件通上直流电后所呈现出的电阻，即元件固有的、静态的电阻。

不能使用万用表测量电器的绝缘电阻！

因为如果用万用表测量电气设备的绝缘电阻，测得的是低电压下的绝缘电阻值，不能真正反映在高压条件下电气设备工作时的绝缘性能。而兆欧表和万用表不同之处，就在于兆欧表带有250~5 000 V的高电压。因此，用兆欧表测量绝缘电阻，能得到符合电气设备实际工作条件时的绝缘电阻值，这对判断电气设备的绝缘状况才起到作用，也才能保证电气设备的安全运行。

2)用数字万用表测量1.5 V二号电池的直流电压

①将黑表笔插入"COM"插孔，红表笔插入""插孔。

②打开万用表的电源开关，将量程转换开关旋至"V ═"20 V挡。

③将表笔跨接在电池的两端。

④数值可以直接从显示屏上读取，读数值为1.512 V。此时，红表笔所接为电池正极，黑表笔所接为电池负极。

注意：如果在数值左边出现"−"，则表明表笔极性与实际电源极性相反，此时红表笔接的是负极。

3)用数字万用表测量220 V交流电压

①将红表笔插入"V Ω mA ⊣⊢"插孔，黑表笔插入"COM"插孔。

②打开万用表的电源开关，将功能开关旋至500 V交流电压挡。

③将表笔任意接在220 V电源插座的两孔中。

④数值可以直接从显示屏上读取，为237 V。

注意：

①交流电压无正、负之分，表笔不用区分正、负极。

②不要测量高于500 V的电压，过高的电压会损坏内部电路及伤害测量人员。在测量之前如果不知被测电压值的范围，应将量程开关置于高量程挡，根据读数需要逐步调低测量量程挡。当LCD只在高位显示"1"时，说明已超量程，需调高量程。

4)用数字万用表测量电路通断、判断二极管极性

①将红表笔插入"V Ω mA ⊣⊢"插孔，黑表笔插入"COM"插孔。

②将功能量程开关置于二极管测量挡位，并将红表笔连接到被测二极管的正极，黑表笔连接到被测二极管的负极。

③从显示器上读取测量结果。

④UT33D型数字万用表有电路通断测试功能，将表笔连接到待测线路的两端，如果两

端之间电阻值低于约 50 Ω,内置蜂鸣器发声。

注意:

①测量电路通断或 PN 结时,为避免仪器损坏及伤害测量人员,在测量前必须先将被测电路内所有的电源关断,并将所有电容器上的残余电荷放尽,才能进行测量。

②在使用 UT33D 型数字万用表测量带有翘板开关控制的照明线路连通情况时,部分翘板开关的动静触点间接触电阻高于 50 Ω,内置蜂鸣器不会发声。这是正常现象,因为有的翘板开关的动静触点间采用点接触导致接触电阻稍大,经过测试不影响线路正常通电。

【知识探究】

技能实训 1　使用数字式万用表测量交流接触器线圈的直流内阻

将 UT33D 型数字万用表置于低电阻量程挡(2 000 Ω 挡),测量交流接触器线圈 A1、A2 两个端子之间的直流电阻,将其记入表中。若阻值小,为正常现象;若阻值为 0,说明绕组内部短路;若阻值为∞,说明绕组内部开路,如图 5-5 所示。

各品牌和各电压等级交流接触器线圈直流电阻各异,一般为 500~2 000 Ω。

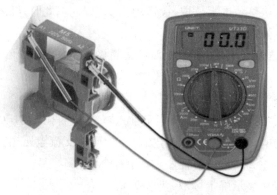

图 5-5　使用数字式万用表测量交流接触器线圈的直流内阻

技能实训 2　使用数字式万用表测量三相异步电动机定子绕组的冷态直流电阻

将 UT33D 型数字万用表置于低电阻量程挡(200 Ω 挡),在三相异步电动机接线盒中,取下全部连接铜片,依次测量 U1-U2、V1-V2、W1-W2 之间的直流电阻,将其记入表中。若阻值小,为正常现象;若阻值为 0,说明绕组内部短路;若阻值为∞,说明绕组内部开路。三相绕组直流电阻值相互的差不得大于 2%,若其中一相或两相所测阻值较小,说明该相绕组存在内部匝间短路现象,如图 5-6 所示。

图 5-6　使用数字式万用表测量三相异步电动机定子绕组的冷态直流电阻

三、指针万用表和数字万用表的选用

（1）指针式万用表是用一只非常灵敏的磁电式直流电流表作为表头，在测试时，当磁铁外绕的线圈中流过直流电流时，线圈在永久磁铁的磁场中受力并带动指针，使指针停留在某一位置，对应刻度盘上给出相应的读数。机械调零用于校正指针零位误差，在没有信号时应将指针调到零位。

优点：指针式万用表属于无源设备（就是万用表内没有电源），灵敏度高，反应速度快，通过指针的摆动，能直观地显示被测元器件的物理性能。

缺点：抗电磁干扰能力差，读数不方便、抗震能力差，测试电阻时需要进行欧姆调零，只能测试 0.5 V 以上电压，测试弱电电压时精确度不够，不方便携带。

相对来说，在大电流、高电压的模拟电路测量中适宜选用指针万用表，如电视机、音响功放电路等。

（2）数字式万用表内部装有集成运算放大电路，通过对被测元器件设备的取样，将测试结果输入内部 A/D 变换器、计数器，再到逻辑运算电路运算以后，通过显示窗口进行显示。数字万用表属于有源设备（表内不安装电池不能正常工作）。

优点：精度高，尤其是测试电压能精确到 0.001 V（部分万用表），读数方便，抗电磁干扰能力强，便于携带。

缺点：反应速度慢，对部分半导体器件不能准确测试，不能测试元器件漏电等。

相对来说，在低电压、小电流的数字电路测量中适宜选用数字万用表，如 MP3、手机电路等。

（3）指针万用表内一般有两块电池，一块是低电压的 1.5 V，另一块是高电压的 9 V 或 15 V，红表笔接内部电源的负极，黑表笔接内部电源的正极。数字万用表则常用一块 6 V 或 9 V 的电池，红表笔接内部电源的正极，黑表笔接内部电源的负极。注意在测量二极管极性时不要误判。

（4）在选用电阻挡进行测量时，指针万用表的表笔输出电流相对数字万用表要大很多，选择"R×1"挡时输出电流可以使扬声器发出响亮的"哒"声，选择"R×10k"挡时输出电流甚至可以点亮发光二极管（LED）。

【任务练习】

一、填空题

1.MF-47 型指针式万用表测量线路的作用是把各种不同的被测电量(如电流、电压、电阻等)转换为磁电系测量机构所能接受的_____。

2.MF-47 型指针式万用表测量电阻时,如果被测电阻不能估计其值,一般情况将开关拔在 R×100 或 R×1k 的位置进行初测,然后看指针是否停在中线附近。如果指针太靠零,则要_____挡位。如果指针太靠近无穷大,则要_____挡位。

3.数字式万用表在使用前应进行_____试验。

二、实训题

1.使用数字式万用表测量交流接触器线圈的电阻,应将红黑表笔分别置于交流接触器的_____和_____端子上,所测得的值反应了线圈本身的阻值,即_____电阻。

2.请用指针式万用表和数字万用表测一测同一个交流接触器的线圈电阻值,并比较其测量结果。

3.使用图 5-7 所示 MF-47 型指针式万用表,如测量交流电压,量程选 500 V 挡,则根据表盘可读出被测电压值为_____。如用于测量电阻,量程选 R×100,则根据表盘可读出被测电阻值为_____。

图 5-7 MF-47 型指针式万用表

三、思考题

1.数字式万用表和指针式万用表各有什么优缺点？家电维修部会更多地采购什么万用表呢？

2.UT33D 型数字万用表电阻挡的量程高达 200 MΩ，可以用其测量三相异步电动机的绝缘电阻吗？

任务二　钳形电流表的使用

【任务目标】

了解钳形电流表的构造和原理。

能正确使用钳形电流表来测量电流。

能掌握使用钳形电流表的注意事项。

【任务实施】

一、钳形电流表简介

钳形电流表是电机运行和维修工作中最常用的测量仪表之一,简称钳形表。电磁式钳形电流表工作部分主要由一只电流表和一只穿心式电流互感器组成,其中电流表有指针式和数字式两类。穿心式电流互感器的铁芯设有活动开口,俗称钳口。搬动扳手,开启开口,嵌入被测载流导线,被测载流导线就成了电流互感器的一次绕组,互感器的二次绕组绕在铁芯上,并与电流表串联。当被测导线中有电流时,通过互感作用,二次绕组产生的感生电流流过电流表即可测量出来。钳形表是一种不需断开电路就可直接测电路交流电流的携带式仪表,在电气检修中使用非常方便,应用相当广泛。

电磁式钳形表最初是通过电磁感应原理来测量交流电流的。现代的钳形表经过技术改进,逐步具备了更多的测量功能。例如采用霍尔电流传感器制作的钳形表还可以测量直流电流。新一代的钳形表甚至具备了万用表的测量功能,可以测量包含交直流电压电流、电阻、电容容量、二极管、三极管、温度、频率等。

下面以优利德 UT200A 型交流钳形电流表为例作介绍,如图 5-8 所示。

二、电磁式钳形电流表(指针式)的结构和原理

钳形电流表是电流表的一种,其工作部分由一只电磁式电流表和穿心式电流互感器组成,如图 5-9 所示。

图 5-8　优利德 UT200A 型交流钳形电流表实物图

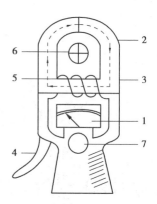

图 5-9　交流钳形电流表结构示意图

1—电流表(指针式);2—电流互感器;

3—铁芯;4—手柄,5—二次绕组;

6—被测导线;7—量程开关

　　钳形表的工作原理和变压器一样。初级线圈就是穿过钳形铁芯的导线,相当于 1 匝的变压器的一次线圈,这是一个升压变压器。二次线圈和测量用的电流表构成二次回路。当导线有交流电流通过时,就是这一匝线圈产生了交变磁场,在二次回路中产生了感应电流,电流的大小和一次电流的比例相当于一次和二次线圈的匝数的反比。钳形电流表用于测量大电流,如果电流不够大,可以将一次导线在通过钳型表时增加圈数,同时将测得的电流数除以圈数。钳形电流表的穿心式电流互感器的副边绕组缠绕在铁芯上且与交流电流表相连,它的原边绕组即为穿过互感器中心的被测导线。旋钮实际上是一个量程选择开关,扳手的作用是开合穿心式互感器铁芯的可动部分,以便使其钳入被测导线。

　　测量电流时,按动扳手,打开钳口,将被测载流导线置于穿心式电流互感器的中间,当被测导线中有交变电流通过时,交流电流的磁通在互感器副边绕组中感应出电流,该电流通过电磁式电流表的线圈,使指针发生偏转,在表盘标度尺上指出被测电流值。

三、UT200A 型交流钳形电流表的使用

　　(1)选择合适的量程,先选大量程,后选小量程,或看铭牌值估算。

　　(2)当用最小量程测量,其读数还不明显时,可将被测导线绕几匝,匝数要以钳口中央的匝数为准。被测电流值可按公式计算:被测电流值=指示值/匝数。

　　(3)测量时,应使被测导线处在钳口的中央,并使钳口闭合紧密,以减少误差。

　　(4)测量完毕,要将转换开关置于交流电压最大量程处并关闭钳表电源。

四、钳形电流表操作注意事项

（1）被测线路的电压要低于钳表的额定电压。测高压线路电流时，要戴绝缘手套，穿绝缘鞋，站在绝缘垫上。

（2）测量 5 A 以下小电流时，为了使得测量结果更加准确，建议使用绕圈测量法。

（3）尽量将被测载流体放于钳口中央位置处并使钳口闭合紧密，以减少误差。

（4）应保证钳口处的干净无损，以免有污垢等影响测量结果。如果在测量时听到钳口发出的电磁噪声，或者握住钳形电流表的手有轻微振动的感觉，就说明钳口的端面结合不严密，或是有锈斑、污垢等，应该立即清洁干净，否则就会造成测量不准确。

（5）不能使用钳形电流表对裸露的导线电流进行测量，以免发生触电、短路等现象。

（6）不能在带电流测量时更换量程，应该断开电流或取下钳口后再更换量程，否则钳形电流表容易损坏，并且对测量人员来说也不安全。

任务三　兆欧表的使用

【任务目标】

了解兆欧表的种类和原理。

能正确使用兆欧表测量绝缘电阻。

能掌握使用兆欧表的注意事项。

【任务实施】

兆欧表是一种专门用来测量电气设备绝缘电阻的可携式仪表，其计量单位是兆欧（MΩ）。兆欧表主要用来测量电气设备的绝缘电阻，如电动机、电气线路的绝缘电阻等，并用来判断设备或线路有无漏电、绝缘损坏或短路等现象。

一、兆欧表的种类

前面所学的用万用表欧姆挡测量电阻，是指在低电压条件下来测量电阻值。如果用万用表来测量电气设备的绝缘电阻，其阻值可能是无穷大；而电气设备实际的工作条件是几百伏或几千伏，此时绝缘电阻不再是无穷大，可能会变得很小。因此测量电气设备绝缘电阻的仪表必须有产生接近电气设备额定电压的能力。

常用的手摇式兆欧表主要由磁电式流比计和手摇直流发电机组成，输出电压有500 V、1 000 V、2 500 V、5 000 V 等。随着电子技术的发展，出现用干电池及晶体管直流变换器把电池低压直流转换为高压直流来代替手摇发电机的数字式绝缘电阻测试仪。两种电工仪器的实物图如图 5-10 所示。

技能实训中通常使用手摇发电式兆欧表来进行绝缘电阻的测量,它又称绝缘摇表、迈格表。下面以 ZC25-4 型兆欧表为例介绍其应用。

（a）手摇发电式兆欧表　　　　（b）数字式绝缘电阻测试仪

图 5-10　兆欧表

二、兆欧表的工作原理

兆欧表的工作原理如图 5-11 所示,被测电阻 R_X 接于兆欧表测量端子"线端 L"与"地端 E"之间,摇动手柄,直流发电机输出直流电流。

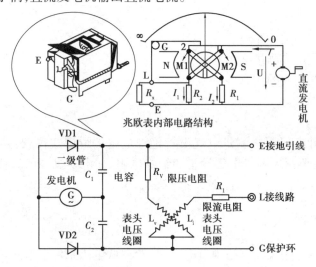

图 5-11　手摇发电式兆欧表内部结构原理图

线圈 1、电阻 R_1 和被测电阻 R_X 串联,线圈 2 和电阻 R_2 串联,然后两条电路并联后接于发电机电压 U 上。设线圈 1 电阻为 r_1,线圈 2 电阻为 r_2,则两个线圈上电流分别是:

$$I_1 = U/(r_1 + R_1 + R_X)$$
$$I_2 = U/(r_2 + R_2)$$

两式相除得:

$$I_1/I_2 = (r_1 + R_1 + R_X)/(r_2 + R_2)$$

式中r_1、r_2、R_1和R_2为定值，R_x为变量，所以改变R_x会引起比值I_1/I_2的变化。

由于线圈1与线圈2绕向相反，流入电流I_1和I_2后在永久磁场作用下，在两个线圈上分别产生两个方向相反的转距T_1和T_2，由于气隙磁场不均匀，因此T_1和T_2既与对应的电流成正比又与其线圈所处的角度有关。当$T_1 \neq T_2$时指针发生偏转，直到$T_1 = T_2$时，指针停止。指针偏转的角度只决定于I_1和I_2的比值，此时指针所指的是刻度盘上显示的被测设备的绝缘电阻值。

当E端与L端短接时，I_1为最大，指针顺时针方向偏转到最大位置，即"0"位置；当E、L端未接被测电阻时，R_x趋于无限大，$I_1 = 0$，指针逆时针方向转到"∞"的位置。

注意：由于该仪表结构中没有产生反作用力距的游丝，在使用之前，指针可以停留在刻度盘的任意位置。

【知识探究】

需要匀速摇动兆欧表的手柄吗？

兆欧表中的手摇发电机发出的电压是不稳定的，它与手摇的速度有关。但磁电系兆欧表的特点是它的指针偏转角只与两个动圈电流之比有关，而与发电机输出电压无关。也就是说，当发电机电压发生变化时，虽然动圈1和2中的电流都要发生变化，但它们的比值却总是不变的，指针相应的偏转角也保持不变。但需要注意的是，若电压太低，将引起两个动圈的力矩都减小，会使测量结果的误差增大。同时在电压太低的情况下测量出的绝缘电阻也不能作为在规定电压值下的绝缘电阻。因此使用兆欧表时，发电机转速不宜太慢或太快。有些兆欧表内部装有手摇发电机的离心调速装置，使转子以恒定速度转动，以保持其输出电压稳定。

三、兆欧表的使用

1.正确选用兆欧表

兆欧表的额定电压应根据被测电气设备的额定电压来选择。测量500 V以下的设备，应选用500 V或1 000 V的兆欧表；测量额定电压在500 V以上的设备，应选用1 000 V或2 500 V的兆欧表；测量绝缘子、母线等，要选用2 500 V或3 000 V兆欧表。

2.使用前进行开路和短路试验

将兆欧表水平平稳放置，检查指针偏转情况：将E、L两端开路，以约120 r/min的转速摇动手柄，观测指针是否指到"∞"处；然后将E、L两端短接，缓慢摇动手柄，观测指针是否指到"0"处，经开路和短路试验合格才能使用。

3.使用兆欧表进行测量

(1)兆欧表放置平稳牢固，被测物表面擦干净，以保证测量正确。

(2)正确接线。兆欧表有三个接线柱：线路(L)、接地(E)、屏蔽(G)。根据不同测量对象，做相应接线。测量线路对地绝缘电阻时，E端接地，L端接于被测线路上；测量电机或设备绝缘电阻时，E端接电机或设备外壳，L端接被测绕组的一端；测量电机或变压器绕组间绝缘电阻时,先拆除绕组间的连接线,将 E、L 端分别接于被测的两相绕组上;测量电缆绝缘电阻时,E 端接电缆外表皮(铅套)上,L 端接线芯,G 端接芯线最外层绝缘层上。

(3)由慢到快摇动手柄,直到转速达 120 r/min 左右,保持手柄的转速均匀、稳定,一般转动 1 min,待指针稳定后读数。

(4)测量完毕,待兆欧表停止转动和被测物接地放电后方能拆除连接导线。

四、使用兆欧表的注意事项

(1)正确选择电压和测量范围。检查 50～380 V 的用电设备绝缘情况时,可选用 500 V 兆欧表。对于 500 V 以下的电气设备,兆欧表应选用读数从零开始的,因为选用读数从1 MΩ 开始的兆欧表,对小于 1 MΩ 的绝缘电阻无法读数。

(2)与被测设备连接的导线应用兆欧表专用测量线或选用绝缘强度高(500 V 以上)的两根单芯多股软线,两根导线切忌绞在一起,以免影响测量准确度。

(3)测量电气设备绝缘电阻时,测量前必须先断开设备的电源,并验明无电。如果是电容器或较长的电缆线路,应将其对地放电后再测量。

(4)兆欧表本身工作时会产生高压电,为避免人身伤害及设备损坏事故,兆欧表在使用时必须远离强磁场,并且平放。被测设备中如有半导体器件,应先将其插件板拆去。摇动摇表时,切勿使表受到震动。

(5)在测量前,兆欧表应先做一次开路试验,然后再做一次短路试验,表针在开路试验中应指到"∞"处;而在短路试验中能摆到"0"处(注意:摆到"0"处后要尽快停止手摇),表明兆欧表工作状态正常,可测电气设备。

(6)测量时,应清洁被测电气设备表面,以免引起接触电阻大,测量结果不准。

(7)测量过程中,如果指针指向"0"位,表示被测设备短路,应立即停止转动手柄,以免损坏兆欧表。

(8)测量过程中不得触及设备的测量部分,以防触电。

(9)在测电容器的绝缘电阻时,电容器的耐压必须大于兆欧表发出的电压值。测完电容后,应先取下摇表线再停止摇动摇把,以防已充电的电容向摇表放电而损坏仪表。测量完的电容要用电阻进行放电。

【知识探究】

· 在高压高阻的测试环境中,为什么要求仪表接"G"端连线?

在被测试物品两端加上较高的额定电压,且绝缘阻值较高时,被测试品表面受潮湿、污染引起的泄漏可能较大,示值误差就大,而仪表"G"端是将被测试物品表面泄漏的电流旁路引走,使泄漏电流不经过仪表的测试回路,消除泄漏电流引起的误差。

· 为什么电子式兆欧表几节电池供电能产生较高的直流高压?

这是根据直流变换原理,经过升压电路处理使较低的供电电压提升到较高的输出直流电压。电子式兆欧表产生的高压虽然较高,但输出功率较小,如电警棍几节电池能产生几万伏的高压。

技能实训　使用兆欧表测量三相异步电动机的绝缘电阻

一、实训任务

(1)检测三相异步电动机的绝缘电阻,判断是否满足要求。

(2)根据给定的被测线路,按照使用方法测出其绝缘电阻的大小并记录。

二、工作流程

电气设备在使用过程中,因发热、污染、受潮或老化等情况都会使绝缘电阻下降,可能会造成设备漏电、短路及人身触电事故。为了确保设备正常运行和人身安全,必须对新购置、放置三个月以上重新投入使用的设备,以及对使用中的设备、线路进行定期检查,及时排除绝缘不合格的隐患。

1.正确选择仪表

(1)根据被测线路或电气设备的电压选择兆欧表的额定电压等级:测量额定电压在500 V 及以下的线路或设备,选用 500 V 或 1 000 V 的兆欧表;额定电压在 500 V 以上的线路或设备,应选用 1 000 V 或 2 500 V 的兆欧表;对于绝缘子、母线等高压设备或线路应选用2 500 V 或5 000 V的兆欧表。

(2)根据被测线路或电气设备的绝缘电阻要求来选择兆欧表额定的量程。例如,线路要求绝缘不少于 1 000 MΩ 才能合格的,在选用兆欧表量程时就应该大于 1 000 MΩ。

2.使用前检查(以指针表为例)

1)外观检查

(1)检查是否有合格证明或定期检验证明。

(2)检查外壳是否完整、无破损,检查指针是否有弯曲。

(3)检查引线连接是否正确(线路 L—引线为红色、接地 E—引线为黑色、屏蔽 G)、是否破损,表笔夹头绝缘是否良好。

(4)检查手摇把手是否正常。

(5)电压是否适合(5 00V 或 1 000 V 用于低压线路或设备,2 500 V 以上用于高压线路或设备)。

2)短路试验和开路试验

(1)短路试验:将两表笔短接,慢速旋转手柄,指针应迅速指零,如图5-12 所示。

注意:在摇动手柄时不得让 L 和 E 短接时间过长,否则将损坏兆欧表。

(2)开路试验:将两表笔开路,快速(120 r/min)旋转手柄,刻度盘指针应该指向∞。

注意:如果指针指不到零位或∞,则需回收到专业机构调整合格后,方可使用,否则会影响测量结果。

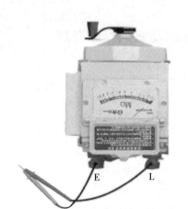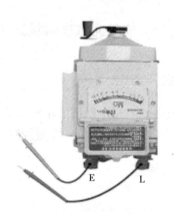

图 5-12　短路试验

3.测量

（1）找到一只额定电压为 380 V 的三相异步电动机,断电后打开接线盒,取下全部连接铜片。

（2）测量电动机相与地(外壳)绝缘电阻。E 端(黑色引线)接电动机外壳,L 端(红色引线)分别接被测绕组的一端(U—外壳;V—外壳;W—外壳),如图 5-13 所示。

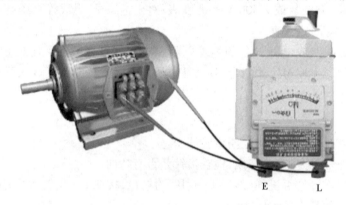

图 5-13　测量电动机相与地(外壳)绝缘电阻

注意:黑表笔接外壳时,应保证连接点无油漆和灰尘等,即黑表笔和外壳必须有良好的电连接。部分电动机外壳因刷了漆后找不到合适的引测点,可将黑表笔接到转轴金属处。因为三相异步电动机的转轴内部与外壳一起做了接地处理。

（3）测量电动机相与相绝缘电阻。E 端(黑色引线)、L 端(红色引线)分别接三相电动机三相被测绕组的一端(U—V;U—W;V—W),如图 5-14 所示。

（4）每一次测量时,摇柄转速由慢到快摇动手柄,直到转速达 120 r/min 左右,保持手柄的转速均匀、稳定,一般转动 1 min,待指针稳定后读数并记录。

（5）测量完毕,待兆欧表停止转动和被测物接地放电后方能拆除连接导线。

（6）判断测量结果。相间和三相对地绝缘电阻数值不低于低压设备或线路要求的绝缘电阻值 0.5 MΩ 为合格。

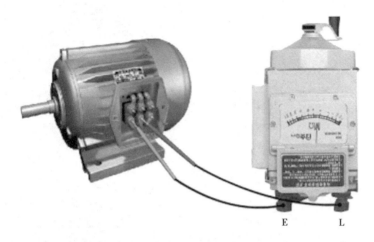

图 5-14 测量电动机相与相绝缘电阻

（7）恢复三相异步电动机的连接铜片，并恢复接线盒。

（8）使用时注意事项：

①设备或线路必须在断电状态下才能测量。

②禁止在雷电时或高压设备附近测绝缘电阻；只能在设备不带电，也没有感应电的情况下测量。

③摇测过程中，被测设备上不能有人工作。

④兆欧表与被测设备间的连接导线不能用双股绝缘线或绞线，应用单股线分开单独连接，以免线间电阻引起测量误差。

⑤摇表未停止转动之前或被测设备未放电之前，严禁用手触及。拆线时，也不要触及引线的金属部分。

⑥测量过程中，摇动手柄时应该放稳扶紧，以防摇表摇动时晃动及摇速不均匀造成读数不准确，特别是测量大设备时电能返回造成仪表烧坏。

⑦测量时，对于大容量设备，测量前必须先进行放电，测量后也应及时放电，放电时间不得小于 2 min，以保证人身安全。

⑧摇动手柄时应由慢渐快至额定转速 120 r/min。在此过程中若发现指针指零，则说明被测绝缘物发生短路事故，应立即停止转动手柄，避免表内线圈因过流发热而损坏。

4.测量后整理

使用完毕后，取下表笔并放置在通风干燥处（柜内）。

项目六

常用低压电器识别与选用

【项目导读】

电器是一种能根据外界的信号和要求，手动或自动地接通、断开电路，以实现对电路或非电对象的切换、控制、保护、检测、变换和调节的元件或设备。低压电器是指工作在交流电压小于1 200 V、直流电压小于1 500 V的电路中起通断、保护、控制或调节作用的各种电器。

常用的低压电器元件主要有开关、熔断器、断路器、接触器、继电器和主令电器等，识别与使用这些电器元件是备考照明与插座电路、三相异步电动机控制线路安装调试技能考试的基础。本项目着重介绍照明开关与插座、熔断器、低压断路器、交流接触器、时间继电器、热继电器、按钮等低压电器元件的识别和选用。

任务一　配电电器的识别与选用

【任务目标】

能了解常用配电电器的结构和用途。

能认识常用配电电器的外形,并会画其图形符号,写出其文字符号。

能掌握常用配电电器选用的注意事项。

【任务实施】

低压电器元件的分类见表6-1。

表6-1　低压电器元件的分类

分类方式	类　型	说　明
按用途控制对象分类	配电电器	主要用于低压供配电系统中,实现电能的输送、分配,并起到保护电路和用电设备的作用,包括刀开关、翘板开关、熔断器和断路器等
	控制电器	主要用于电气控制系统中,实现发布指令、控制系统状态及执行动作等功能,包括接触器、继电器、主令电器等
按工作原理分类	电磁式电器	根据电磁感应原理来动作的电器,如交流、直流接触器,各种电磁式继电器,电磁铁等
	非电量控制电器	依靠外力或非电量信号(如速度、压力、温度等)的变化而动作的电器,如转换开关、行程开关、速度继电器、压力继电器、温度继电器等
按动作方式分类	自动电器	自动电器指依靠电器本身参数变化(如电、磁、光等)而自动完成动作切换或状态变化的电器,如接触器、继电器等
	手动电器	手动电器指依靠人工直接完成动作切换的电器,如按钮、刀开关等

一、刀开关

1.刀开关的结构和用途

刀开关又称闸刀开关,是一种手动配电电器。刀开关主要作为隔离电源开关使用,用在不频繁接通和分断电路的场合。图6-1所示为胶壳刀开关,图6-2所示为其结构图。此种刀开关内部有保险丝,带有短路保护功能。

图6-1　胶壳刀开关实物图

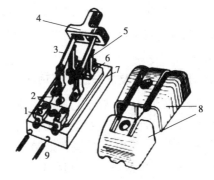

图6-2　胶壳刀开关结构图

1—出线端;2—保险丝;3—闸刀;4—操作瓷柄;
5—静触头;6—进线端;7—瓷底座;
8—胶壳;9—馈线

2.刀开关的种类及电气符号

刀开关的主要类型有:带灭弧装置的大容量刀开关,带熔断器的开启式负荷开关(胶壳开关),带灭弧装置和熔断器的封闭式负荷开关(铁壳开关)等。刀开关按刀数的不同分单极、双极、三极等。刀开关的图形符号及文字符号如图6-3所示。

（a）单极　　　（b）双极　　　（c）三极

图6-3　刀开关图形、文字符号

3.刀开关的主要技术参数

刀开关的主要技术参数有额定电压、额定电流、通断能力、动稳定电流、热稳定电流等。

通断能力:是指在规定条件下,能在额定电压下接通和分断的电流值。

动稳定电流:是指电路发生短路故障时,刀开关并不因短路电流产生的电动力作用而发生变形、损坏或触刀自动弹出之类的现象,这一短路电流(峰值)即称为刀开关的动稳定电流。

热稳定电流:是指电路发生短路故障时,刀开关在一定时间内(通常为1 s)通过某一短路电流,并不会因温度急剧升高而发生熔焊现象,这一最大短路电流称为刀开关的热稳定电流。

4.刀开关的选用

刀开关的选用主要遵循以下原则:

（1）根据使用场合，选择刀开关的类型、极数及操作方式。

（2）刀开关的额定电压应大于或等于线路电压。

（3）刀开关的额定电流应等于或大于线路的额定电流。对于电动机负载，开启式刀开关额定电流可取电动机额定电流的 3 倍；封闭式刀开关额定电流可取电动机额定电流的 1.5 倍。

5.刀开关的安装及操作注意事项

（1）安装刀开关时，处于合闸状态时手柄要向上，不得倒装或平装，避免由于重力自动下落引起误动合闸，另也可避免分闸时发生电弧灼手。

（2）接线时，应将电源线接在上端，负载线接在下端。这样断开后，刀开关的触刀与电源隔离，既便于更换熔丝，又可防止可能发生的意外事故。

（3）带电拉闸与合闸操作时一定要迅速，一次拉合到位。

二、照明开关与插座

照明开关是用来接通和断开家庭、办公室、公共娱乐等场所照明线路电源的一种低压电器。

1.照明开关的分类

（1）按面板大小，照明开关可分为 86 型、120 型、118 型、146 型和 75 型等，家庭中应用最多的是 86 型和 118 型。

（2）按面板上开关位数和每位的馈线数量，照明开关可分为单联单控、双联单控、三联单控、单联双控、双联双控等。

（3）按启动方式，照明开关可分为旋转开关、跷板开关、按钮开关、声控开关、触屏开关、倒板开关、拉线开关。

（4）按安装方式，照明开关可分为明装式和暗装式两种。

2.照明电路中的开关选用

常用照明开关的图形符号如图 6-4 所示。下面介绍照明开关的"联"与"控"。

· 单联、双联、三联：指一个面板上有几位开关，也称"极"或"位"。

· 单控、双控：指一位开关有几个控制馈线。双控开关有两个控制馈线，开关所处的两个位置总有一个控制馈线为通，另一个控制馈线为断，按一下开关则交替状态。

· 单联单控开关：面板上有一位开关，有一个控制馈线，也称单极单控开关。

· 双联单控开关：面板上有二位开关，每位开关各有一个控制馈线，也称双极单控开关。

· 三联单控开关：面板上有三位开关，每位开关各有一个控制馈线，也称三极单控开关。

· 单联双控开关：面板上有一位开关，有两个控制馈线，两个馈线状态相反，也称单极双控开关。此开关常用于一灯多控。

· 双联双控开关：面板上有两位开关，每位开关各有两个控制馈线，也称双极双控开关。此开关设计为一个翘板的时候常用作一灯多控的中间开关。

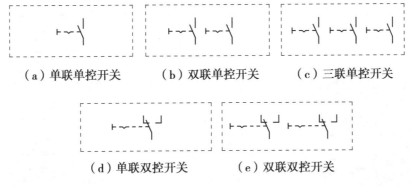

（a）单联单控开关　　（b）双联单控开关　　（c）三联单控开关

（d）单联双控开关　　　（e）双联双控开关

图 6-4　常用照明开关的图形符号

3.照明开关和插座安装注意事项

（1）单联双控开关的背部如图 6-5 所示，它有三个接线端子，L 为公共端，L1、L2 分别为两个馈线端子。特殊情况可以将双控开关用作单控开关，但应注意必须用到公共端，即使用 L+L1 或者 L+L2 端子。

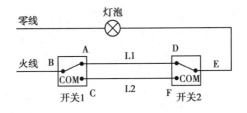

（a）单联双控开关背部　　　　　（b）一灯两控的接线

图 6-5　一灯两控电路和单联双控开关

（2）一灯两控的接线如图 6-5（b）所示。注意火线进线 B、E 必须接到公共端，联络线 L1、L2 必须接到两个馈线端子上。

（3）照明开关采用点接触，接触电阻有时能达到 200 Ω 左右，因此在使用万用表蜂鸣挡检测照明与插座电路的通断时可能不会鸣响（被测电路小于 70 Ω 时万用表才会发出蜂鸣声），属于正常现象，此时观察电阻值即可判断电路通断。

（4）三孔、五孔插座的接线，必须遵循"左零右火""上零下火"的原则。

（5）螺口灯座的接线，火线接在与中心触头相连的一端，零线接在与螺纹口相连的一端。千万不能接错，否则就容易发生触电事故。

三、熔断器

1.熔断器的结构和用途

熔断器串联在被保护电路中，电路短路时电流很大，熔体急剧升温立即熔断，所以熔断器可用于短路保护。熔断器广泛应用于高低压配电系统和控制系统以及用电设备中，作为短路和严重过载的保护器,是应用最普遍的保护器件之一。

熔断器一般由熔体座和熔体两大部分组成。图 6-6 所示为 RL1 系列螺旋式熔断器结构图。

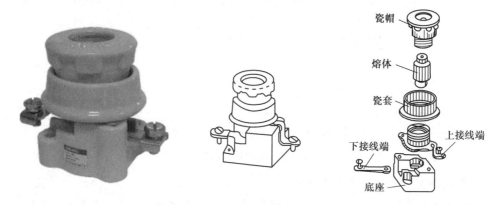

图 6-6　RL1 系列螺旋式熔断器外形

【知识探究】

由于熔体在用电设备过载时所通过的过载电流能积累热量,当用电设备连续过载一定时间后熔体积累的热量也能使其熔断,所以熔断器也可作过载保护,但所需时间较长,对过载反应不灵敏。因此除在照明电路中外,熔断器一般不宜作为过载保护,主要作为短路保护。

2.熔断器的型号和符号

(1)型号。熔断器的型号标志组成及其含义如图 6-7 所示。

(2)电气符号。熔断器的图形符号和文字符号如图 6-8 所示。

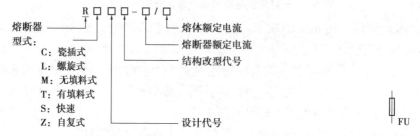

图 6-7　熔断器的型号标志组成及其含义　　　图 6-8　熔断器图形、文字符号

3.熔断器的主要技术参数及选用

熔断器的主要技术参数有额定电压、额定电流和极限分断能力。熔断器的选用主要包括确定熔断器的类型、额定电压 U_N、额定电流 I_N 和熔体额定电流 I_{RN} 等。

熔断器的类型主要由电气控制系统整体设计确定,熔断器的额定电压 U_N 应大于或等于实际电路的工作电压 U_L;熔断器额定电流 I_N 应大于或等于所装熔体的额定电流 I_{RN}。即:

$$U_N \geqslant U_L$$

$$I_N \geqslant I_{RN}$$

确定熔体电流 I_{RN} 是选择熔断器的关键,具体来说可以参考以下几种情况:

(1)对于照明线路或电阻炉等电阻性负载,熔体的额定电流应大于或等于电路的工作电流,即:

$$I_{RN} \geqslant I_L$$

(2)当需要保护一台异步电动机时,考虑电动机启动冲击电流的影响,熔体的额定电流应大一些,可按下式计算:

$$I_{RN} \geqslant (1.5 \sim 2.5)I_N \tag{6-1}$$

式中,I_N——电动机的额定电流。

(3)当需要保护多台异步电动机时,考虑多台电动机一般不会同时启动,则应按下式计算:

$$I_{RN} \geqslant (1.5 \sim 2.5)I_{Nmax} + \sum I_N \tag{6-2}$$

式中,I_{Nmax}——容量最大的一台电动机的额定电流;

$\sum I_N$——其余电动机额定电流的总和。

(4)为防止发生越级熔断,上、下级(即供电杆、支线)熔断器间应有良好的协调配合。为此,应使上一级(供电干线)熔断器的熔体额定电流比下一级(供电支线)大 1~2 个级差。

熔断器的选型需根据以上技术参数,结合产品目录来最终确定。

四、低压断路器

1.低压断路器的结构和用途

低压断路器又称自动空气开关,在电气线路中起接通、分断和承载额定工作电流的作用,并能在线路和电动机发生过载、短路、欠电压的情况下起到可靠的保护作用。它的功能相当于刀开关、过流继电器、欠电压继电器、热继电器及漏电保护器等电器部分或全部功能的总和,是低压配电网中一种重要的保护电器。常用的低压断路器有 DZ 系列、DW 系列和 DWX 系列等。下面介绍常用的 DZ 系列断路器,其外形如图 6-9 所示,结构示意如图 6-10 所示。

2.低压断路器的型号和符号

(1)型号。低压断路器的型号组成及其含义如图 6-11 所示。

注意:脱扣器形式分为 C、D 型;C:适用于照明电路,D:适用于电机电路。

(2)电气符号。低压断路器的图形符号及文字符号如图 6-12 所示,为一个 3P 的低压断路器。

3.低压断路器的类型和规格

DZ 型低压断路器分为带漏电保护器和不带漏电保护器两种。不带漏电保护器的低压断路器用"P"或者"极"来表示可控制的馈线数量,通常有 1P、2P、3P、4P 等规格,其外形如图 6-13 所示。

图 6-9　DZ 系列低压断路器外形

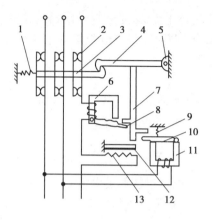

图 6-10　低压断路器结构示意图

1—弹簧；2—主触点；3—传动杆；4—锁扣；

5—轴；6—电磁脱口器；7—杠杆；8、10—衔铁；

9—弹簧；11—欠压脱口器；12—双金属片；

13—发热元件

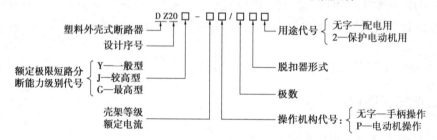

图 6-11　低压断路器的型号组成及含义

图 6-12　低压断路器的图形、文字符号

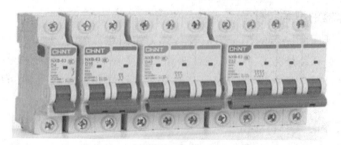

图 6-13　普通低压断路器实物图

　　带漏电保护的低压断路器(简称"漏保型断路器")其外形有明显区别,在其右侧有蓝色的"合闸前请按下"复位按键和黄色的"每月按一次"测试按键。漏保型断路器通常有1P+N、2P、3P+N、4P 四种规格,其外形如图 6-14 所示。

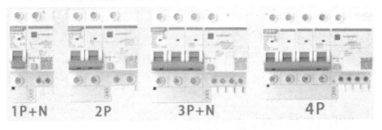

图 6-14　带漏保的低压断路器实物图

　　注意:漏保有多种规格,有"+N"和无"+N"区别较大。以家庭照明电路常用的 1P+N 和 2P 为例:漏保动作跳闸时,1P+N 低压断路器仅是火线被断开,零线保持接通。因为在其内部,零线进线端和出线端是一根硬线接通的,不受是否漏电跳闸的影响。因此要特别注意火线和零线不能接反。漏保动作跳闸时,2P 低压断路器的火线和零线都被断开。

【知识探究】

　　生活中常用的漏电保护型断路器功能及原理介绍

　　漏电保护型断路器在发生设备漏电故障以及发生致命危险的人身触电事故时跳闸,断开电路,实现漏电保护功能。

　　漏电保护器的主要部件是个磁环感应器,火线和零线采用并列绕法在磁环上缠绕几圈,同时在磁环上还有个次级线圈。当同一相的火线和零线在正常工作时,电流产生的磁通正好抵消,在次级线圈不会感应出电压。如果某一线有漏电,或未接零线,在磁环中通过的火线和零线的电流就会不平衡,从而产生穿过磁环的磁通,在次级线圈中感应出电压,通过电磁铁使脱扣器动作跳闸。它的保护动作是根据流经它的一种所谓的"剩余电流"的大小来实现的,所以国际上便将其称呼为"剩余电流动作保护器",也称 RCD (Residual Current Device,剩余电流装置)。

　　图 6-15 是单相线路 2P 型漏保断路器的原理图,三相或三相四线线路的原理相同,不再赘述。

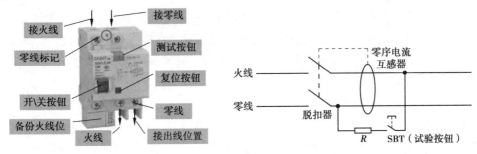

图 6-15　漏电保护断路器外形和原理图

漏电保护型断路器试验按钮原理:当开关闭合时,通过零序互感器的火线和中性线电流大小相等、方向相反,它们的矢量和为零,零序互感器不能感应出电流,空开脱扣器不动作。当按一下试验按钮时,火线有一部分电流绕过零序电流互感器,通过试验按钮和限流电阻 R 流向中性线。此时通过零序互感器的火线和中性线电流大小不相等,零序互感器感应出电流,驱动空开脱扣器跳闸。

综上所述,漏电开关短路跳闸是因为空开内的电磁脱扣器作用而跳闸;而按一下漏电开关试验按钮跳闸,是利用零序互感器驱动脱扣器装置而跳闸。两者的跳闸机制完全不一样。

4.低压断路器的选择与常见故障的处理方法

低压断路器的选择应注意以下几点:

(1)低压断路器的额定电流和额定电压应大于或等于线路、设备的正常工作电压和工作电流。

(2)低压断路器的极限通断能力应大于或等于电路最大短路电流。

(3)欠电压脱扣器的额定电压等于线路的额定电压。

(4)过电流脱扣器的额定电流大于或等于线路的最大负载电流。

使用低压断路器来实现短路保护比熔断器优越,因为当三相电路短路时,很可能只有一相的熔断器熔断,造成断相运行。对于低压断路器来说,只要造成短路都会使开关跳闸,将三相同时切断。另外还有其他自动保护作用,但其结构复杂、操作频率低、价格较高,因此适用于要求较高的场合,如电源总配电盘等。

【知识探究】

断路器、接触器、热继电器等常用低压电器选型由用电线路决定,有一定的经验可循。

(1)小型断路器 C 型与 D 型的区别是什么?

答:C 型主要用于配电控制与照明保护;D 型主要用于电动机保护。

(2)断路器和漏电保护器的区别是什么?

答:断路器具有过载保护、短路保护功能;漏电保护器在断路器原有过载/短路保护功能上,多了个漏电保护功能。

(3)断路器要选几 P 的?

答:1P 为单开,只切断火线,通常用于照明灯或用电量较小的电气设备。2P 为 220 V 用,2 个进(出)线端,同时切断火线零线。3P 为三相电 380 V,三个进(出)线端,进三根火线,通常用于三相电总线开关和三相电设备。4P 为 380 V 三相四线,三根火线一根零线,同时切断火线零线。

(4)家用如何选择断路器?

答:断路器需要和电线、电器功率相匹配,否则容易出现跳闸、接线柱烧毁等情况。可参考表 6-2 进行选择,具体以实际需求为准。

表 6-2　额定电压 220 V 下的选型

额定电流	铜芯线	负载功率	使用场景
6 A	≥1 mm	≤1 320 W	照明
10 A	≥1.5 mm	≤2 200 W	照明
16 A	≥2.5 mm	≤3 520 W	照明插座,1.5P 空调
20 A	≥2.5 mm	≤4 400 W	卧室插座,2P 空调
25 A	≥4 mm	≤5 500 W	厨卫插座,2.5P 空调
32 A	≥6 mm	≤7 040 W	厨卫插座,3P 空调
40 A	≥10 mm	≤8 800 W	电源总闸
50 A	≥10 mm	≤11 000 W	电源总闸
63 A	≥16 mm	≤13 200 W	电源总闸
80 A	≥16 mm	≤17 600 W	电源总闸
100 A	≥25 mm	≤22 000 W	电源总闸
125 A	≥25 mm	≤27 500 W	电源总闸

(5)电动机需要搭配多大断路器?

答:断路器一般选额定电流的 1.5~2.5 倍;接触器一般选额定电流的 1.5~2 倍;热继电器一般选额定电流的 1.15~1.2 倍,见表 6-3。

表 6-3　额定电压 380 V 下的选型

额定功率	额定电流	断路器	接触器	热继电器
1.5 kW	3 A	10 A	9 A	2.5~4 A
2.2 kW	4.4 A	16 A	9 A	4~6 A
3.0 kW	6 A	16 A	9 A	4.5~7.2 A
4.0 kW	8 A	25 A	12 A	6.8~11 A
5.5 kW	11 A	32 A	18 A	10~16 A
7.5 kW	15 A	40 A	25 A	14~22 A
11 kW	22 A	63 A	32 A	20~32 A
18.5 kW	37 A	80 A	50 A	28~45 A
22 kW	44 A	100 A	65 A	40~63 A
30 kW	60 A	125 A	80 A	53~85 A

任务二 控制电器的识别与选用

【任务目标】

能了解常用控制电器的种类、结构和用途。

能认识常用控制电器的外形,并会画其图形符号,写出其文字符号。

能根据需要正确选用常用控制电器。

【任务实施】

一、接触器

1.接触器的结构和用途

图6-16 CJX2型接触器实物图

接触器分为交流接触器和直流接触器,它是一种用来接通或断开带负载的交、直流主电路或大容量控制电路的自动化切换电器。接触器的主要控制对象是电动机,也可用于控制其他电力负载,如电热器、电焊机、照明设备等。接触器不仅能接通和切断电路,而且还具有低电压和零电压释放保护作用。接触器控制容量大,适用于频繁操作和远距离间接控制,在电气控制系统中,接触器是运用最广泛的控制电器之一。

按电磁线圈工作电压性质不同,接触器分为交流接触器和直流接触器两大类。本节着重介绍交流接触器,图6-16所示为常用的CJX2型交流接触器外形图。

交流接触器常用于远距离、频繁地接通和分断额定电压至1 140 V、电流至630 A的交流电路。图6-17为交流接触器的结构示意图,它主要由电磁系统、触点系统、灭弧系统三大部分组成。

交流接触器工作时,一般当加在线圈上的交流电压大于线圈额定电压值的85%时,铁芯中产生的磁通对衔铁产生的电磁吸力克服复位弹簧向上的弹力,使衔铁带动触点动作。触点动作时,常闭触点先断开,常开触点后闭合,主触点和辅助常开触点是同时动作的。当线圈中的电压值降到某一数值时,铁芯中的磁通下降,吸力减小到不足以克服复位弹簧的向上弹力时,衔铁复位,使主触点和辅助触点复位。这个功能就是接触器的欠压和失压保护功能。

 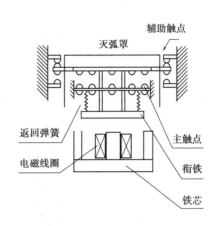

图 6-17　交流接触器拆解结构示意图

2.交流接触器的型号和电气符号

（1）型号。接触器的型号组成及其含义如图 6-18 所示。

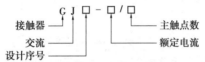

图 6-18　接触器的型号组成及其含义

例如,某接触器型号为 CJX2-0910,表示其设计序号为 X2,其额定电流为 9 A,本身自带辅助常开触点(13NO-14NO)数量为 1,本身自带辅助常闭触点数量为 0。

（2）电气符号。交、直流接触器的图形符号及文字符号如图 6-19 所示。从左至右依次是线圈、主触点、辅助常开触点和辅助常闭触点。

3.交流接触器拓展辅助触头

当接触器本体的辅助触头数量不够用时,可加一个拓展辅助触头,扣紧接触器顶部的吸合倒扣即可。如图 6-20 所示为 F4 型拓展辅助触头,其型号 F4-22,第一个 2 表示辅助常开触点的数量(53NO-54NO,83NO-84NO),第二个 2 表示辅助常闭触点的数量(61NC-62NC,71NC-72NC)。

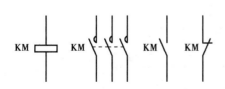

图 6-19　交流接触器图形、文字符号

图 6-20　交流接触器拓展辅助触头实物图

4.接触器的技术参数和选用

接触器的主要技术参数有额定电压、额定电流、吸引线圈额定工作电压、电气寿命、机械寿命和额定操作频率等。

接触器的电气寿命用其在不同使用条件下无须修理或更换零件的负载操作次数来表示。接触器的机械寿命用其在需要正常维修或更换机械零件前,包括更换触点,所能承受的无载操作循环次数来表示。

接触器的选择主要考虑以下几个方面:

(1)接触器的类型。根据接触器所控制的负载性质,选择直流接触器或交流接触器。

(2)额定电压。接触器的额定电压应大于或等于所控制线路的电压。

(3)额定电流。接触器的额定电流应大于或等于所控制电路的额定电流。

(4)接触器的吸引线圈额定工作电压。吸引线圈额定工作电压应等于控制回路电源电压。

【知识探究】

交流接触器吸引线圈 A1、A2 两个接线端子之间蓝底白字的铭牌"220 V 50 Hz M5"代表了什么含义呢?

如图 6-21 所示,"220 V 50 Hz M5"代表吸引线圈使用的工作电源应是电压 220 V,频率 50 Hz 的交流电。其中 M 表示 220 V 电压,5 表示频率为 50 Hz。字母和数字具体的含义可参照表 6-4 来识读。

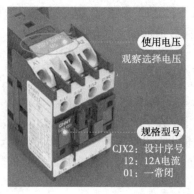

使用电压
观察选择电压

规格型号
CJX2:设计序号
12:12A电流
01:一常闭

图 6-21　交流接触器线圈实物图

表 6-4　交流接触器线圈工作电源铭牌释义

字母	线圈工作电压	数字	线圈电源频率
B	24 V	5	50 Hz
U	240 V	6	60 Hz
C	36 V	7	50/60 Hz
Q	380 V		

续表

字母	线圈工作电压	数字	线圈电源频率
D	42 V		
V	400 V		
E	48 V		
N	415 V		
F	110 V		
R	440 V		
M	220 V		
S	500 V		
P	230 V		
Y	660 V		

二、常用继电器

继电器是根据某种输入信号的变化,接通或断开控制电路,实现自动控制和保护电力装置的自动电器。通常应用于自动化的控制电路中,它实际上是用小电流去控制大电流运作的一种"自动开关",在电路中起着自动调节、安全保护、转换电路等作用。

(1)继电器按输入信号可分为:电压继电器、电流继电器、功率继电器、速度继电器、压力继电器、温度继电器等。

(2)继电器按工作原理可分为:电磁式继电器、感应式继电器、电动式继电器、电子式继电器、热继电器等。

(3)继电器按输出形式可分为:有触点继电器和无触点继电器。

1.电磁式继电器

电磁式继电器由电磁机构和触点系统组成。常见的电磁式继电器包含电压继电器、电流继电器和中间继电器等。

·电流继电器。电流继电器的线圈与被测电路串联,以反映电路电流的变化。其线圈匝数少,导线粗,线圈阻抗小。电流继电器除用于电流型保护的场合外,还经常用于按电流原则控制的场合。电流继电器有欠电流继电器和过电流继电器两种。

·电压继电器。电压继电器反映的是电压信号。使用时,电压继电器的线圈并联在被测电路中,线圈的匝数多、导线细、阻抗大。继电器根据所接线路电压值的变化,处于吸合或释放状态。根据动作电压值不同,电压继电器可分为欠电压继电器和过电压继电器两种。

·中间继电器。中间继电器实质上是电压继电器,只是触点对数多,触点容量较大

（额定电流5~10 A）。中间继电器的主要用途为：当其他继电器的触点对数或触点容量不够时，可以借助中间继电器来扩展他们的触点数或触点容量，起到信号中继作用。

1）电磁式继电器的实物和电气符号

（1）实物图。电磁式继电器的实物如图6-22所示。

（a）电流继电器　　　　（b）电压继电器　　　　（c）中间继电器

图6-22　电磁式继电器实物图

（2）电气符号。电磁式继电器的图形符号及文字符号如图6-23所示，电流继电器的文字符号为KI，电压继电器的文字符号为KV，中间继电器的文字符号为KA。

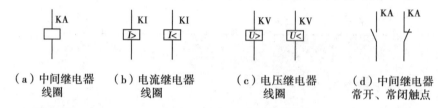

（a）中间继电器　　（b）电流继电器　　（c）电压继电器　　（d）中间继电器
　　线圈　　　　　　　线圈　　　　　　　线圈　　　　常开、常闭触点

图6-23　电磁式继电器图形、文字符号

2）电磁式继电器的主要技术参数

继电器的主要技术参数有额定工作电压、吸合电流、释放电流、触点切换电压和电流等。

·额定工作电压是指继电器正常工作时线圈所需要的电压。根据继电器的型号不同，额定工作电压可以是交流电压，也可以是直流电压。

·吸合电流是指继电器能够产生吸合动作的最小电流。在正常使用时，给定的电流必须略大于吸合电流，这样继电器才能稳定地工作。而对于线圈所加的工作电压，一般不要超过额定工作电压的1.5倍，否则会产生较大的电流而把线圈烧毁。

·释放电流是指继电器产生释放动作的最大电流。当继电器吸合状态的电流减小到一定程度时，继电器就会恢复到未通电的释放状态。这时的电流远远小于吸合电流。

·触点切换电压和电流是指继电器允许加载的电压和电流。它决定了继电器能控制电压和电流的大小，使用时不能超过此值，否则很容易损坏继电器的触点。

【知识探究】

电磁式继电器和接触器有何异同？

无论继电器的输入量是电量或非电量，继电器工作的最终目的总是控制触点的分断或闭合，而触点又是控制电路通断的，就这一点来说接触器与继电器是相同的。但是它们又有区别，主要表现在以下两个方面。

（1）所控制的线路不同。继电器用于控制电讯线路、仪表线路、自控装置等小电流电路及控制电路，所以没有灭弧装置，也无主触点和辅助触点之分；接触器用于控制电动机等大功率、大电流电路及主电路，有灭弧装置和主触点（用于主回路）、辅助触点（用于控制回路）。

（2）输入信号不同。继电器的输入信号可以是各种物理量，如电压、电流、时间、压力、速度等，而接触器的输入量只有电压。

2.时间继电器

时间继电器利用电磁原理或机械原理控制触点的闭合或分断，因其一部分触点自线圈得电或断电时，延迟一段时间再动作，故称时间继电器。时间继电器按结构分有空气阻尼式、电磁式、晶体管式和电动式等。

时间继电器的延时方式有以下两种：

（1）通电延时。线圈得电，延迟一定时间触点动作；线圈断电，触点瞬时复原。

（2）断电延时。线圈得电，触点瞬时动作；线圈断电，延迟一定的时间触点复原。

1）空气阻尼式时间继电器的结构和原理

空气阻尼式时间继电器是利用空气阻尼原理获得延时的，其结构由电磁系统、延时机构和触点三部分组成。电磁机构为双正直动式，触点系统用 LX5 型微动开关，延时机构采用气囊式阻尼器。

空气阻尼式时间继电器的电磁机构可以是直流的，也可以是交流的；既有通电延时型，也有断电延时型。只要改变电磁机构的安装方向，便可实现不同的延时方式：当衔铁位于铁芯和延时机构之间时为通电延时；当铁芯位于衔铁和延时机构之间时为断电延时。

空气阻尼式时间继电器的特点是：延时范围较大（0.4～180 s），结构简单，寿命长，价格低。但其延时误差较大，无调节刻度指示，难以确定整定延时值。在对延时精度要求较高的场合，不宜使用这种时间继电器。常用的 JS7-A 通电延时型时间继电器结构原理如图 6-24 所示。

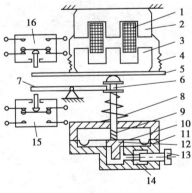

图 6-24　JS7-A 通电延时型时间继电器结构原理图
1—线圈；2—铁芯；3—衔铁；4—反力弹簧；
5—推板；6—活塞杆；7—杠杆；8—塔形弹簧；9—弱弹簧；
10—橡皮膜；11—空气室壁；12—活塞；13—调节螺钉；
14—进气孔；15、16—微动开关

2）时间继电器的符号表示

时间继电器的图形和文字符号如图6-25所示。

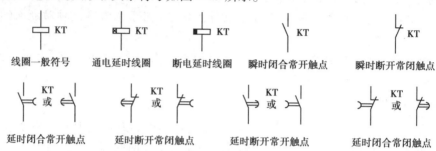

| 线圈一般符号 | 通电延时线圈 | 断电延时线圈 | 瞬时闭合常开触点 | 瞬时断开常闭触点 |

延时闭合常开触点　　延时断开常闭触点　　延时断开常开触点　　延时闭合常闭触点

图6-25　时间继电器图形、文字符号

3）正继牌晶体管式时间继电器（ST3P）的应用

（1）正继牌晶体管式时间继电器（ST3P）的外形如图6-26所示。

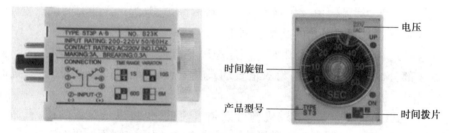

电压
时间旋钮
产品型号
时间拨片

图6-26　外形

（2）正继牌晶体管式时间继电器（ST3P）的操作步骤如图6-27所示。

①将透明旋钮盖拿起

②用工具翘掉2块刻度表盘

③2块刻度表盘，正反共4种刻度

④根据延时范围，将白色开关拨到对应位置

⑤将需要的表盘安装

⑥安装透明旋钮

图6-27　操作步骤

（3）正继牌晶体管式时间继电器（ST3P）的时段调节如图6-28所示。

产品型号	延时范围			
	1▦3	1▦4	2▦3	2▦4
ST3P A-A	0-3M	0-5S	0-30S	0-0.5S
ST3P A-B	0-6M	0-10S	0-60S	0-1S
ST3P A-C	0-30M	0-50S	0-5M	0-5S
ST3P A-D	0-60M	0-100S	0-10M	0-10S
ST3P A-E	0-6H	0-10M	0-60M	0-60S
ST3P A-F	0-12H	0-20M	0-2H	0-2M
ST3P A-G	0-24H	0-40M	0-4H	0-4M

图6-28　时段调节

3.热继电器

1）热继电器的作用和分类

在电力拖动控制系统中，当三相交流电动机出现长期带负荷欠电压下运行、长期过载运行以及长期单相运行等不正常情况时，会导致电动机绕组严重过热乃至烧坏。为了充分发挥电动机的过载能力，保证电动机的正常启动和运转，并且当电动机一旦出现长时间过载时能自动切断电路，这就出现了能随过载程度而改变动作时间的电器——热继电器。

按相数来分，热继电器有单相、两相和三相式共三种类型，每种类型按发热元件的额定电流又分为不同的规格和型号。三相式热继电器常用于三相交流电动机，做过载保护。

按职能来分，三相式热继电器又分为不带断相保护和带断相保护两种类型。

注意：热继电器在电路中是做三相交流电动机的过载保护用。但须指出的是，由于热继电器中发热元件有热惯性，在电路中不能做瞬时过载保护，更不能做短路保护。因此，它不同于过电流继电器和熔断器。

2）热继电器的保护特性和工作原理

·热继电器的保护特性

因为热继电器的触点动作时间与被保护的电动机过载程度有关，所以在分析热继电器工作原理之前，首先要明确电动机在不超过允许温升的条件下，电动机的过载电流与电动机通电时间的关系。这种关系称为电动机的过载特性。

当电动机运行中出现过电流时，必将引起绕组发热。根据热平衡关系，不难得出在允许温升条件下，电动机通电时间与其过载电流的平方成反比的结论。根据这个结论，可以得出电动机的过载特性，具有反时限特性。

热继电器的反时限过载特性充分发挥电动机的过载能力，保证电动机的正常启动和运转，而当电动机一旦出现长时间过载时又能自动切断电路。

·热继电器的工作原理

热继电器中产生热效应的发热元件，应串接于电动机主电路中，这样，热继电器便能直接反映电动机的过载电流。热继电器的感测元件，一般采用双金属片。所谓双金属片，就是将两种线膨胀系数不同的金属片以机械碾压方式使之形成一体。膨胀系数大的称为主动层，膨胀系数小的称为被动层。双金属片受热后产生线膨胀，由于两层金属的线膨胀系数不同,且两层金属又紧密地贴合在一起,因此,使得双金属片向被动层一侧弯曲,由双金属片弯曲产生的机械力便带动触点动作。

如图 6-29 所示,热元件 3 串接在电动机定子绕组中,电动机绕组电流即为流过热元件的电流。当电动机正常运行时,热元件产生的热量虽能使双金属片 2 弯曲,但还不足以使继电器动作;当电动机过载时,热元件产生的热量增大,使双金属片弯曲位移增大,经过一定时间后,双金属片弯曲到推动导板 4,并通过补偿双金属片 5 与推杆 14 将触点 9 和 6 分开,触点 9 和 6 为热继电器串于接触器线圈回路的常闭触点,断开后使接触器失电,接触器的常开触点断开电动机的电源以保护电动机。

图 6-29　热继电器的实物图和结构原理图
1—接线端子;2—主双金属片;3—热元件;4—推动导板;5—补偿双金属片;6—常闭触头;7—常开触头;
8—复位调节螺钉;9—动触头;10—复位按钮;11—偏心轮;12—支撑件;13—弹簧

调节旋钮 11 是一个偏心轮,它与支撑件 12 构成一个杠杆,13 是一个弹簧,转动偏心轮,改变它的半径即可改变补偿双金属片 5 与导板 4 的接触距离,因而达到调节整定动作电流的目的。此外,靠调节复位螺钉 8 来改变常开触点 7 的位置使热继电器能工作在手动复位和自动复位两种工作状态。调试手动复位时,在故障排除后要按下按钮 10 才能使动触点恢复与静触点 6 相接触的位置。

3)热继电器的电气符号和型号

在电气原理图中,热继电器的热元件、触头的电气符号如图 6-30 所示。

热继电器的型号说明如图 6-31 所示。

图 6-30　热继电器的图形符号和文字符号

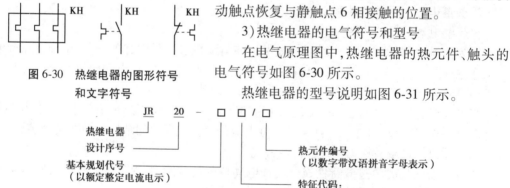

图 6-31　热继电器的型号说明

4）热继电器的选型及整定原则

· 热继电器选型原则

原则上应使热继电器的安秒特性尽可能接近甚至重合电动机的过载特性,或者在电动机的过载特性之下;同时在电动机短时过载和启动的瞬间,热继电器应不受影响(不动作)。

热继电器的正确选用与电动机的工作制有密切关系。当热继电器用以保护长期工作制或间断长期工作制的电动机时,一般按电动机的额定电流来选用。例如,热继电器的整定值可等于 0.95～1.05 倍电动机的额定电流。

对于正反转相通断频繁的特殊工作制电动机,不宜采用热继电器作为过载保护装置,而应使用埋入电动机绕组的温度继电器或热敏电阻来保护。

· 热继电器额定电流选择原则

(1)保证电动机正常运行及启动。

在正常启动的启动电流和启动时间、非频繁启动的场合,必须保证电动机的启动不致使热继电器误动。当电动机启动电流为额定电流的 6 倍,启动时间不超过 6s,很少连续启动的条件下,一般可按电动机的额定电流来选择热继电器。(实际中热继电器的额定电流可略大于电动机的额定电流。)

(2)考虑电动机的特性。

电动机的绝缘材料等级有 A 级、E 级、B 级等,它们的允许温升各不相同,因而其承受过载的能力也不相同。在选择热继电器时是应引起注意的。另外,开启式电动机散热比较容易,而封闭式电动机散热就困难得多,稍有过载,其温升就可能超过限值。虽然热继电器的选择从原则上讲是按电动机的额定电流来考虑,但对于过载能力较差的电动机,它所配的热继电器(或热元件)的额定电流就应适当小些。在这种场合,也可以取热继电器(或热元件)的额定电流为电动机额定电流的 60%～80%。

(3)考虑负载因素。

如果负载性质不允许停车,即便过载会使电动机寿命缩短,也不应让电动机贸然脱扣,以免生产遭受比电动机价格高许多倍的巨大损失。这时继电器的额定电流可选择较大值(此工况下电动机的选择一般也会有较强的过载能力)。这种场合最好采用由热继电器和其他保护电器组合起来的保护措施,只有在发生非常危险的过载时方考虑脱扣。

【知识探究】

热继电器在安装和使用过程中有哪些注意事项呢?

(1)安装方向有讲究。

热继电器的安装方向很容易被人忽视。热继电器是电流通过发热元件发热,推动双金属片动作的一种电器。热量的传递有对流、辐射和传导三种方式。其中对流具有方向性,热量自下向上传输。在安放时,如果发热元件在双金属片的下方,双金属片就热得快,动作时间短;如果发热元件在双金属片的旁边,双金属片热得较慢,热继电器的动作时间长。当热继电器与其他电器安装在一起时,应装在其他电器下方且远离其他电器 50 mm以上,以免受其他电器发热的影响。热继电器的安装方向应按产品说明书的规定进行,以确保热继电器在使用时的动作性能相一致。

（2）连线粗细有规矩。

出线端的连接导线应按热继电器的额定电流进行选择,过粗或太细也会影响热继电器的正常工作。连接线太细,则连接线产生的热量会传到双金属片,加上发热元件沿导线向外散热少,从而缩短了热继电器的脱扣动作时间;反之,如果采用的连接线过粗,则会延长热继电器的脱扣动作时间。例如:额定电流为 10 A 的热继电器,其出线端连接导线的截面积以 2.5 mm² 为宜(单股铜芯塑料线),20 A 的以 4 mm² 为宜(单股铜芯塑料线)。

（3）环境温度有影响。

环境温度对热继电器动作的快慢影响较大。热继电器周围介质的温度应和电动机周围介质的温度相同,否则会破坏已调整好的配合情况。例如:当电动机安装在高温处,而热继电器安装在温度较低处时,热继电器的动作将会滞后(或动作电流大);反之,其动作将会提前(或动作电流小)。

三、主令电器

1.按钮

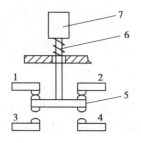

图 6-32　按钮结构示意图
1、2—常闭触点;3、4—常开触点;
5—桥式触点;6—复位弹簧;
7—按钮帽

按钮是一种手动使用且可以自动复位的主令电器,其结构简单,控制方便,在低压控制电路中得到广泛应用。

按钮由按钮帽、复位弹簧、桥式触点和外壳等组成,其结构如图 6-32 所示。触点采用桥式触点,触点额定电流在 5 A 以下,分常开触点和常闭触点两种。在外力作用下,常闭触点先断开,然后常开触点再闭合;复位时,常开触点先断开,然后常闭触点再闭合。

按使用场合、作用不同,通常将按钮帽做成红、绿、黑、黄、蓝、白、灰等颜色。国标 GB 5226.1—2008 对按钮帽颜色作了如下规定:

（1）"停止"和"急停"按钮为红色。

（2）"启动"按钮的颜色为绿色。

（3）"启动"与"停止"交替动作的按钮为黑白、白色或灰色。

（4）"点动"按钮为黑色。

（5）"复位"按钮为蓝色(如保护继电器的复位按钮)。

按钮的图形、文字符号如图 6-33 所示。

SB
常开按钮

SB
常闭按钮

SB
复合按钮

图 6-33　按钮的图形、文字符号

2.行程开关

行程开关是一种利用生产机械的某些运动部件的碰撞来发出控制指令的主令电器，用于控制生产机械的运动方向、行程大小和位置保护等。当行程开关用于位置保护时，又称限位开关。

行程开关的种类很多，常用的行程开关有按钮式、单轮旋转式、双轮旋转式行程开关。其中按钮式行程开关外形和结构原理如图6-34所示。

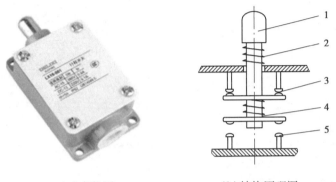

（a）实物图　　　　（b）结构原理图

图6-34　德力西按钮式行程开关

1—顶杆；2—弹簧；3—常闭触点；4—触点弹簧；5—常开触点

行程开关由操作头、触点系统和外壳组成。操作头接受机械设备发出的动作指令或信号，并将其传递到触点系统，触点再将操作头传递来的动作指令或信号通过本身的结构功能变成电信号，输出到有关控制回路。其图形和文字符号如图6-35所示。

常开触点　　　　常闭触点　　　　复合触点

图6-35　行程开关图形、文字符号

项目七

照明与插座电路装调测

【项目导读】

照明与插座电路安装调试与测试项目包括根据原理图选择熔断器、翘板开关、插座、灯座、白炽灯、线槽等在给定的安装用木板上对元件进行定位安装；根据原理图正确标识线号；对多股铜芯导线压接冷压针或冷压叉；根据原理图连接线路（导线进入线槽），并进行检测调试、故障排查等内容。本项目着重介绍导线的绞合连接、导线压接冷压端子、标识线号、板前线槽配线照明与插座常见线路装调测、荧光灯照明线路装调测的相关知识与技能。

任务一　技术准备

【任务目标】

能认识导线连接(包括压接)、线号标识与套管的重要性,掌握导线连接(包括压接)的正确方法。

能够正确处理各种类型的特殊连接方式。

能了解线号的标识方法及规则。

【任务实施】

一、导线绞合连接

导线连接是基本的电工工艺,导线连接的质量关系到线路和设备运行的可靠性和安全性。导线绞合连接的基本要求是电接触良好,有足够的机械强度,接头美观且绝缘恢复正常。

1.单股铜导线的直接连接

小截面单股铜导线连接方法如图 7-1 所示,先将两导线的芯线线头作 X 形交叉,再将它们相互缠绕 2~3 圈后扳直两线头,然后将每个线头在另一芯线上紧贴密绕 5~6 圈后剪去多余线头即可。

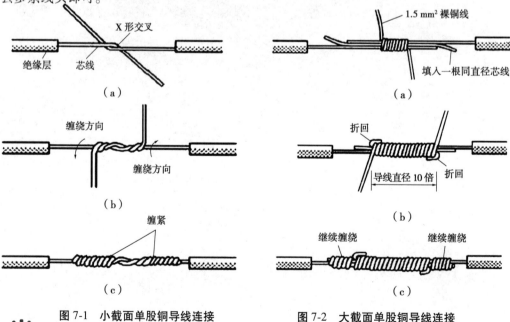

图 7-1　小截面单股铜导线连接　　图 7-2　大截面单股铜导线连接

大截面单股铜导线连接方法如图 7-2 所示,先在两导线的芯线重叠处填入一根相同直径的芯线,再用一根截面约 1.5 mm² 的裸铜线在其上紧密缠绕,缠绕长度为导线直径的10 倍左右,然后将被连接导线的芯线线头分别折回,再将两端的缠绕裸铜线继续缠绕 5~6 圈后剪去多余线头即可。

不同截面单股铜导线连接方法如图 7-3 所示,先将细导线的芯线在粗导线的芯线上紧密缠绕 5~6 圈,然后将粗导线芯线的线头折回紧压在缠绕层上,最后用细导线芯线在其上继续缠绕 3~4 圈后剪去多余线头即可。

2.单股铜导线的分支连接

单股铜导线的 T 字分支连接如图 7-4 所示,将支路芯线的线头紧密缠绕在干路芯线上 5~8 圈后剪去多余线头即可。对于较小截面的芯线,可先将支路芯线的线头在干路芯线上打一个环绕结,再紧密缠绕 5~8 圈后剪去多余线头即可。

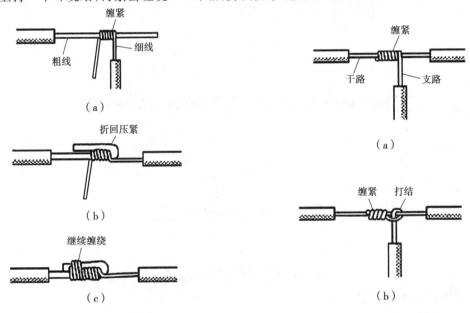

图 7-3　不同截面单股铜导线连接　　图 7-4　单股铜导线的 T 字分支连接

单股铜导线的十字分支连接如图 7-5 所示,将上下支路芯线的线头紧密缠绕在干路芯线上 5~8 圈后剪去多余线头即可。可以将上下支路芯线的线头向一个方向缠绕,也可以向左右两个方向缠绕。

3.多股铜导线的直接连接

多股铜导线的直接连接如图 7-6 所示,首先将剥去绝缘层的多股芯线拉直,将其靠近绝缘层的约 1/3 芯线绞合拧紧,而将其余 2/3 芯线呈伞状散开,另一根需连接的导线芯线也如此处理。接着将两伞状芯线相对着互相插入后捏平芯线,然后将每一边的芯线线头分作 3 组,先将某一边的第 1 组线头翘起并紧密缠绕在芯线上,再将第 2 组线头翘起并紧密缠绕在芯线上,最后将第 3 组线头翘起并紧密缠绕在芯线上。以同样方法缠绕另一边的线头。

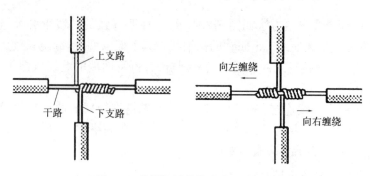

图 7-5 单股铜导线的十字分支连接

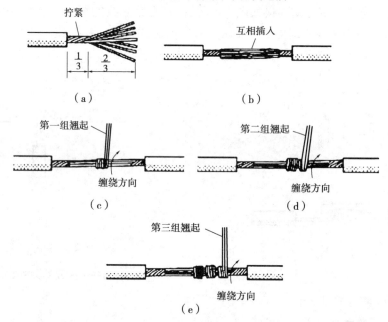

图 7-6 多股铜导线的直接连接

4.多股铜导线的分支连接

多股铜导线的 T 字分支连接有两种方法,一种方法如图 7-7 所示,将支路芯线 90°折弯后与干路芯线并行,然后将线头折回并紧密缠绕在芯线上即可。

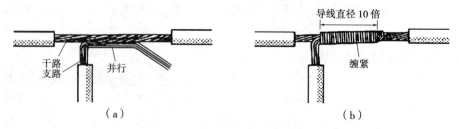

图 7-7 多股铜导线的 T 字分支连接

另一种方法如图 7-8 所示,将支路芯线靠近绝缘层的约 1/8 芯线绞合拧紧,其余 7/8 芯线分为两组,一组插入干路芯线当中,另一组放在干路芯线前面,并朝右边缠绕 4~5

圈。再将插入干路芯线当中的那一组朝左边缠绕 4~5 圈,最终连接好。

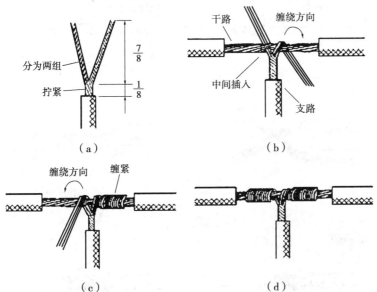

（a）　　　　　　　　　（b）

（c）　　　　　　　　　（d）

图 7-8　多股铜导线的 T 字分支连接方法二

5.单股铜导线与多股铜导线的连接

单股铜导线与多股铜导线的连接方法如图 7-9 所示,先将多股导线的芯线绞合拧紧成单股状,再将其紧密缠绕在单股导线的芯线上 5~8 圈,最后将单股芯线线头折回并压紧在缠绕部位即可。

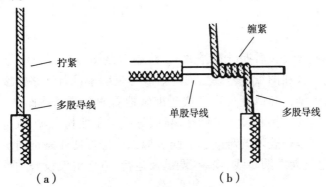

（a）　　　　　　　　　（b）

图 7-9　单股铜导线与多股铜导线的连接

6.同一方向导线的连接

当需要连接的导线来自同一方向时,可以采用图 7-10 所示的方法。对于单股导线,可将一根导线的芯线紧密缠绕在其他导线的芯线上,再将其他芯线的线头折回压紧即可。对于多股导线,可将两根导线的芯线互相交叉,然后绞合拧紧即可。对于单股导线与多股导线的连接,可将多股导线的芯线紧密缠绕在单股导线的芯线上,再将单股芯线的线头折回压紧即可。

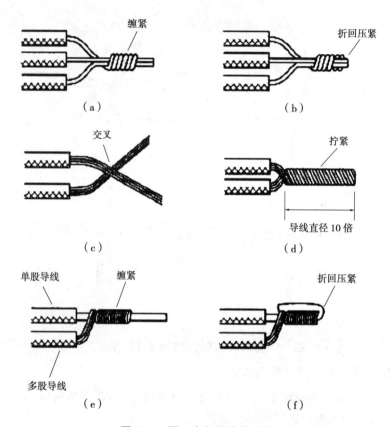

图 7-10 同一方向导线的连接

二、线号标识

为了便于识图、接线和后期维护排故,在绘制电路图时应标识线号,在接线过程中应套线号管,将线号管和图纸线号一一对应。线号表明了设备回路连接关系,能够让电气工作人员在运行、维护和修理过程中快速准确地看明白这条线路从哪儿来,去哪儿。在实际工作现场,电气元件和设备之间距离远,导线都是捆扎严实、放进线槽的,如果没有线号,会大大增加排查故障的难度和时间。标识线号可使线路走向清晰明了,使线束多而不乱。方便电气元件的布线、安装、调试及运行,方便电气设备的维护保养,以及快速排查故障。

标识线号依各人的习惯和行业习惯,所以有多种标法。下面介绍常用的两种标识法。

1.工程常用强电、弱电线号标识法

1)强电的线号标识规则

(1)连接 AC 220 V 的单相三线制用电。

线号采用"L、N、G(或 PE)"这三个分别表示火、零、地的字母并加上四位数字的组成来表示,如图 7-11 所示。该类线号主要用于标识在空气开关上下的连接端、开关电源的 AC 220 V 输入端或 UPS、滤波器等强电设备的相关连线中。

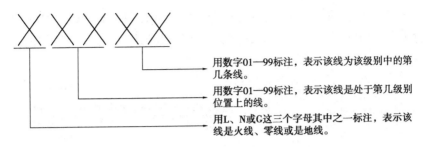

用数字01—99标注，表示该线为该级别中的第几条线。

用数字01—99标注，表示该线是处于第几级别位置上的线。

用L、N或G这三个字母其中之一标注，表示该线是火线、零线或是地线。

图 7-11　线号组成

例如标识为 L0101、L0215 或 N0103、PE0105、G0207 等线号，具体标识可参考实例如图 7-12 所示。

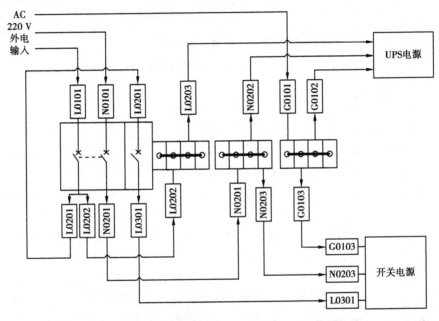

图 7-12　连接 AC 220 V 的单相三线制用电线号标识实例

（2）连接 AC 380 V 的三相三线制用电。

线号采用"U、V、W"这三个分别表示三相的相应字母并加上三位数字来表示。该类线号主要用于三相电机的相关连线。

（3）注意事项。

强电的标识必须依照（1）、（2）所规定的标准，不得擅自更改。凡是设备上有接线端的位置均要标识好线号，并要求同一根线上两端标识的线号是相同的，便于后期维护时可以更快速地定位到该连线上。

2）弱电的线号标识规则（直流供电、信号线等）

（1）标识样式。

弱电部分的标识与强电不同，均采用除了"L、N、G、U、V、W"这六个字母外的任意一个字母再加上四位数字的组成来表示，如图 7-13 所示。该类线号主要用于常见的 DC 24

V、DC 12 V、DC 5 V 等直流供电线,开关电源的输出线以及编码器线、传感器线、接口卡线、信号盒上各接口线、相机线、光源线等全部弱电设备的供电线、信号线的标识上。

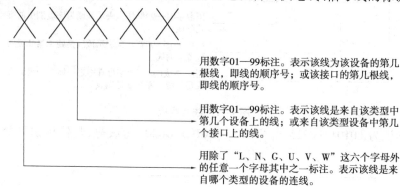

用数字01—99标注。表示该线为该设备的第几根线,即线的顺序号;或该接口的第几根线,即线的顺序号。

用数字01—99标注。表示该线是来自类型中第几个设备上的线;或来自该类型设备中第几个接口上的线。

用除了"L、N、G、U、V、W"这六个字母外的任意一个字母其中之一标注。表示该线是来自哪个类型的设备的连线。

图 7-13 线号组成

例如标识为 A0208、F0214 或 Q1203 等号,具体规定及实例参考(2)和(3)。

(2)标识示例。

设备之间直连的情况:有时候设备并没有连接到端子排上,而是直接连接到其他设备上。此种情况下,该连线要用被供电设备的字母代号的线号来标识。

设备与设备之间有空气开关及端子排隔离的情况:例如某开关电源需要给某光源设备供电,但中途却经过了空气开关和端子排的多层过渡。在这种情况下,因为空气开关与端子排本身均没有自己的设备字母代号,如图 7-14 所示,从开关电源输出端开始直到图中最下层的空开及端子排为止,上层的全部连线均采用该开关电源的代号 P01XX 作为标识形式(最后两位数字改变,P01 不变)。而最下层的空开、端子排到光源设备的连线,用光源本身的字母代号 E01XX 进行标识即可。

(3)继电器和 PLC 的连线。

只有端子排与继电器、端子排与 PLC 之间的连线要采用继电器、PLC 本身的字母代号的线号来标注;除了端子排外,凡是其他设备与继电器、PLC 之间的连线,均要采用其他设备的字母代号的线号来表示。

注意:弱电的标注必须依照(1)、(2)、(3)所规定的标准,不得擅自更改。凡是设备上有接线端的位置均要标注好线号,并要求同一根线上两端的标注的线号是一样的,便于后期维护时可以更快速地定位到该

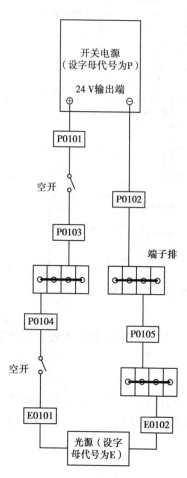

图 7-14 设备与设备之间有空气开关及端子排隔离时的线号标注示例

连线上。

2.继电器控制电路的线号标识

下面以图 7-15 所示的三台三相异步电动机顺序启动、逆序停止的继电器控制电路电气原理图为例介绍线号的标识原则和方法。

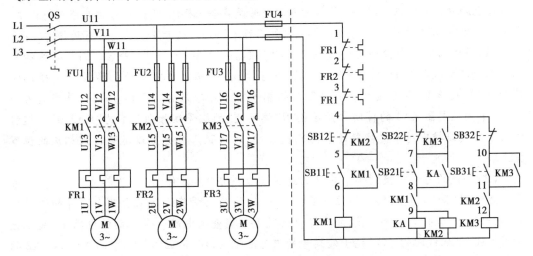

图 7-15　三台三相异步电动机顺序启动、逆序停止的继电器控制电路电气原理图

1）主电路线号的标识原则和方法

主电路在电源开关的出线端按相序依次编号为 U11、V11、W11,然后按从上至下、从左至右的顺序,每经过一个电气元件后,编号要递增,如 U12、V12、W12,U13、V13、W13……单台三相交流电动机(或设备)的三根引出线按相序依次编号为 U、V、W。对于多台电动机引出线的编号,为了不致引起误解和混淆,可在字母前用不同的数字加以区别,如 1U、1V、1W、2U、2V、2W……

2）辅助电路线号标识原则和方法

辅助电路编号按"等电位"原则从上至下、从左至右的顺序用数字依次编号,每经过一个电气元件后,编号要依次递增。如图 7-15 辅助电路中,线号从 1—12 不等。

特别注意:在遇到 6 和 9,16 和 91 这类倒顺都能读数的号码时,必须做记号加以区别,以免造成线号混淆。

【知识探究】

1.线号管的正确使用

(1)线号管要方便写、读,线号管印字内容的读取方向要符合人们平时的读取习惯:线号管的水平方向或置于接线端子水平两侧时,印字内容的读取方向是从左到右;线号管的垂直方向或置于接线端子上下两侧时,印字内容的读取方向是从下到上。

(2)端子排或线缆标识的设备大小不一,排列又参差不齐时,线号管应该相互对齐,排列成行。

（3）导线在端子处独立接线时，线号管应紧靠接线端子侧。

（4）导线在端子或者是线缆标识设备上成排接线时，端子排后电气元件大小一致时，线号管应紧靠端子侧。

2.相对编号法

以上两种线号标识法同一根导线的两端线号是完全一样的，因此也可称为绝对标识法。在生产实际中，有时也会根据导线所接元器件名称采用相对编号法。其通常有两种情况：

（1）导线接到哪个器件的连接点上就以"该器件名字+连接点"命名。例如导线的一端接在交流接触器 KM1 电磁线圈的"A1"端子上，另一端来自中间继电器 KA2 的辅助常开触点"9"端子上，则连接到交流接触器的端子线号可命名为"KM1:A1"，而导线的另一头（在中间继电器 KA2 的辅助常开触点"9"端子处）的端子线号则命名为"KA2:9"。这种方式在后期维护中对于更换器件来说比较方便，导线脱落时也可以迅速找到相应的位置接上。

（2）导线的另一头接到哪个器件的连接点上就以"该器件名字+连接点"命名。线号命名方法同（1），只是把线号的位置互换一下，即线号表明其线路来自某个器件的连接位置（源位置），而不是目标位置，如此标识法便于后期查找电路。在上面的电路中，交流接触器 KM1 电磁线圈的"A1"端子处线号标识为源位置，即"KA2:9"；而中间继电器 KA2 的辅助常开触点"9"端子处线号标识为源位置，即"KM1:A1"。

三、导线压接冷压端子

线鼻子常用于导线末端连接和续接，能让导线与电气元件间连接更牢固、安全。导线与接线端子连接时，导线末端均需压接对应的线鼻子。线鼻子常用铜、铝等材料制成，依靠外力轧压可变形后压紧导线端头，因此又称冷压端子。冷压端子外观规格良好，导电性能好，安全实用。继电器控制线路中常使用的冷压端子有冷压针和冷压叉等。

导线压接冷压端子是指将冷压端子套在被连接的芯线上，再用压线钳或压接模具压紧，使冷压端子和芯线连接在一起。不同类型的冷压端子压接使用规范、剥线要求和压接要求见表7-1。

1.压接冷压端子的操作过程

（1）使用剥线钳或电工刀剥削导线绝缘层。

（2）套入冷压端子。

（3）使用压线钳选择合适压口并以合适角度压紧冷压端子。

（4）检查是否压紧，如有松动则可再压一两次直至压紧。

2.压接冷压端子的工艺要求

（1）软导线与接线端子连接时，不允许出现多股细线芯松散、断股和外露等现象，剥削绝缘层切口应齐整。

（2）剥线长度应符合要求，禁止剥线长度过长或过短，否则会影响产品导电性能。

（3）剥去导线绝缘层后，应尽快压接，避免线芯产生氧化膜或粘有油污影响导电性能。

表 7-1　冷压端子压接的使用规范、剥线要求和压接要求

序号	冷压端子名称	冷压端子型号	压接使用规范	剥线要求	压接要求
1	叉型裸端头	UT1-3	剥线要求见右图所示 压接时裸端头压痕在端头管部的焊接缝上，保证压接牢固 使用时，需增加管，保证管遮住裸露的导线	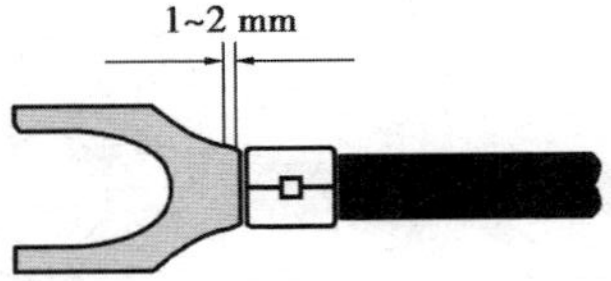	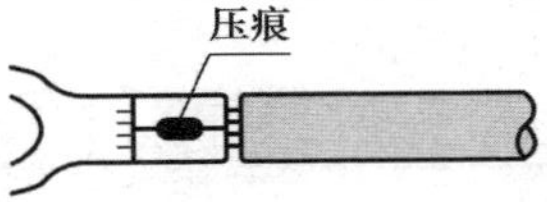
2		UT1-4			
3		UT4-5			
4		SNB2-4S			
5	叉型绝缘端头	SV1.25-4S	剥线要求见右图所示 绝缘端头压痕应在筒中央的两边均匀压接，一端使导线压接，另一端使绝缘管与导线绝缘层相吻合	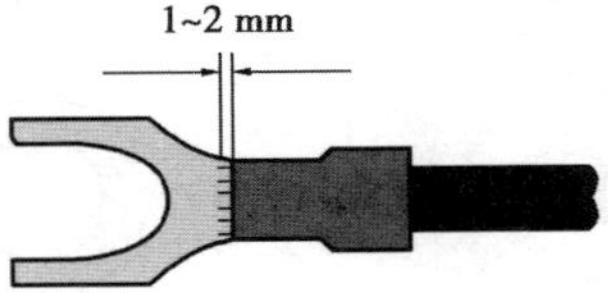	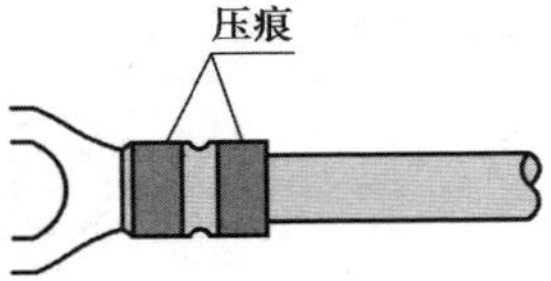
6	母型绝缘接头	FDD2-250	剥线要求见右图所示 绝缘端头压痕应在筒中央的两边均匀压接，一端使导线压接，另一端使绝缘管与导线绝缘层相吻合	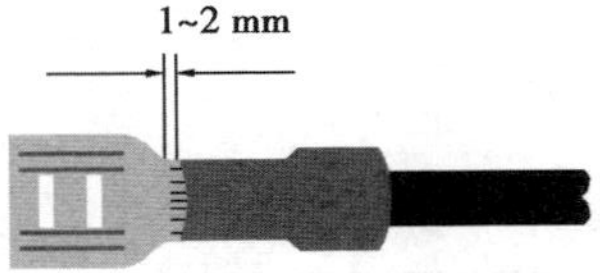	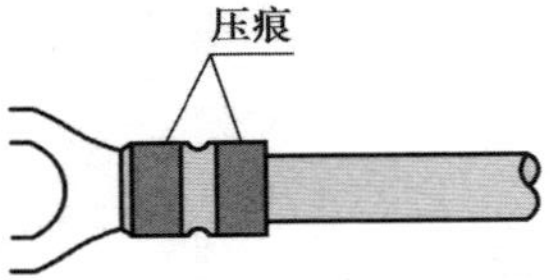
7	双线插式管形绝缘端头	TE-2 * 2510	剥线要求见右图所示 管形预绝缘端头压痕应在端部的管部均匀压接	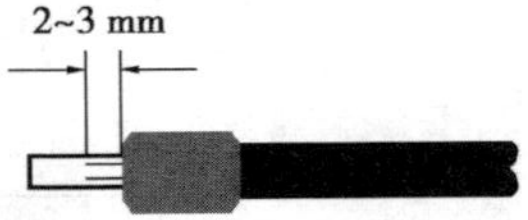	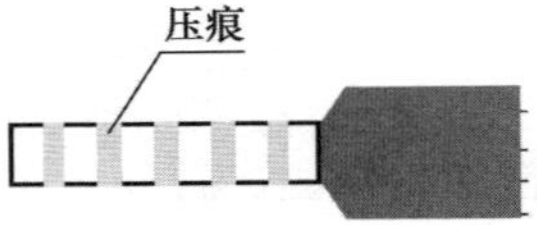
8		TE1508			
9		TE2508			
10		TE6014			
11		TE10-14			
12		TE4012			

续表

序号	冷压端子名称	冷压端子型号	压接使用规范	剥线要求	压接要求
13	管型绝缘端头	E7508	剥线要求见右图所示 管形预绝缘端头的压痕应在端头管部均匀压接	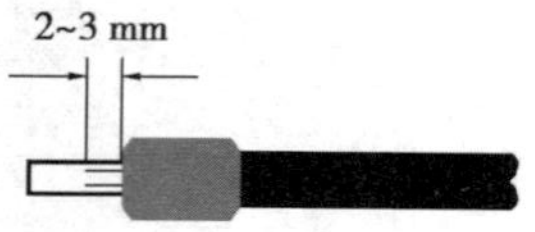	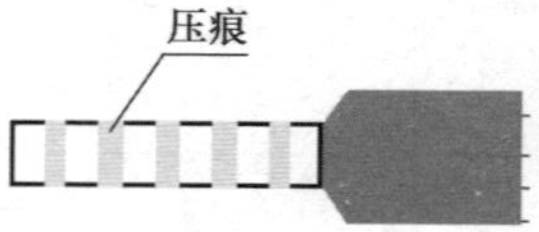
14		E1508			
15		E2508			
16		E4009			
17		E6012			
18		E10-12			
19		E16-12			
20	圆型裸端头	OT1.5-6	剥线要求见右图所示 压接时裸端头压痕应在端头管部焊接缝上，保证压接牢固 使用时，需增加套管，保证管遮住裸露的导线	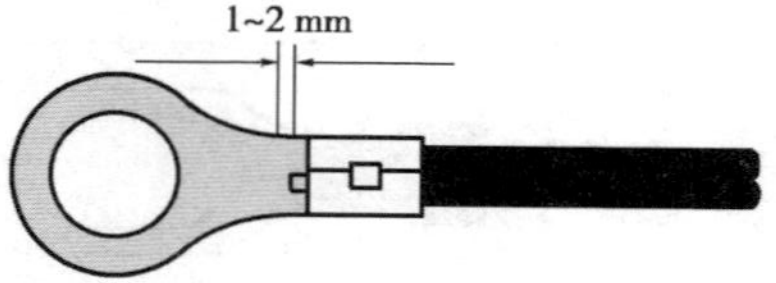	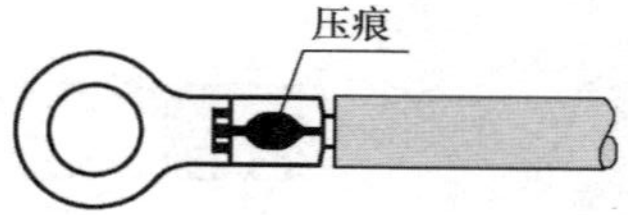
21		OT5.5-6			
22		OT8-6S			
23	圆型绝缘端头	RV2-5	绝缘端头压痕应在筒中央的两边均匀压接，一端使端头与导线压接，另一端使绝缘管与导线绝缘层相吻合	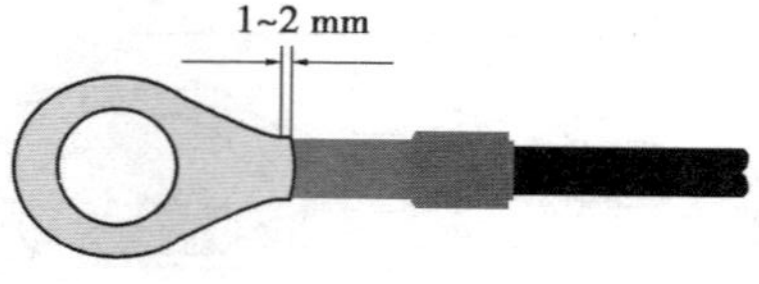	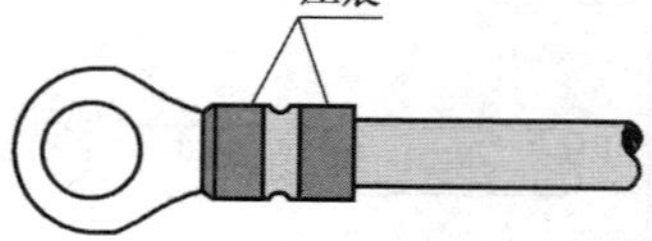
24		RV2-5L			
25	压接针		绝缘压接区压缩绝缘层，但不会剌穿线芯 伸出于导体压接区前部1～2mm 绝缘和导体压接区之间的部分可以看见 绝缘层和导体	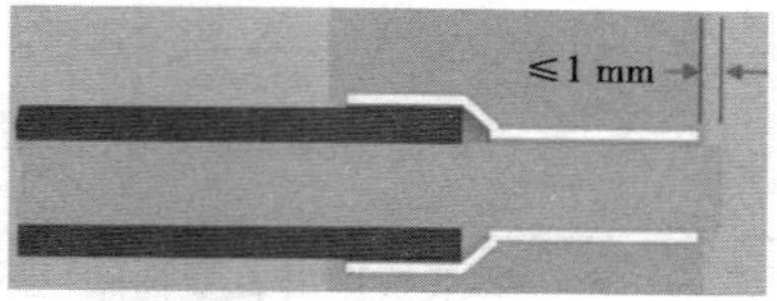	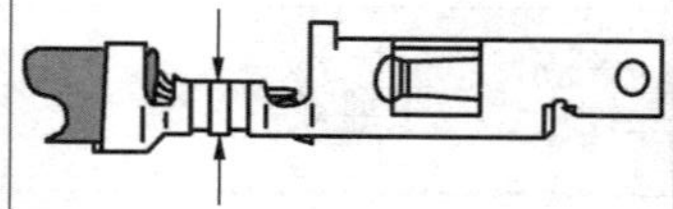

（4）铜导线的连接应采用铜制冷压端子,铝导线的连接应采用铝制冷压端子。

（5）冷压端子的规格必须与所接入的导线直径相吻合,禁止使用大一号及其以上规格的端子压接导线。压接时应紧固可靠。

（6）线头与接线端子必须连接得平服和牢固可靠,尽量减少接触电阻。

（7）通常不允许2根导线接入1个冷压端子,因接线端子限制必须采用时,宜采用2根导线压接的专用端头,或选用大一级或大二级的冷压接端头。绝缘端头与两根导线压时,避免出现裸线芯露出绝缘管外的情况。

（8）裸端头型冷压端子的管部应套入线号套管,避免引起触电和短路。

（9）多股线芯的线头,应先进一步绞紧,然后再与冷压端子连接。

【知识探究】

1.没有专用的压线钳,还能压接冷压端子吗?

有时候可能出现忘带压线钳的情况,此时少量的冷压端子压接完全可以使用尖嘴钳或钢丝钳来代替压线钳。但压接过程中一定要注意不得损伤线芯,且压接完成后应检查其是否紧固可靠。

2.使用电工刀剥削绝缘层如何操作?

用电工刀剥削导线绝缘层如图7-16所示,电工刀刀口在需要剥削的导线上呈45°夹角,斜切入绝缘层,然后以15°角倾斜推削,最后将剥开的绝缘层反扳并齐根削断。注意剥削绝缘层时不得损伤线芯。

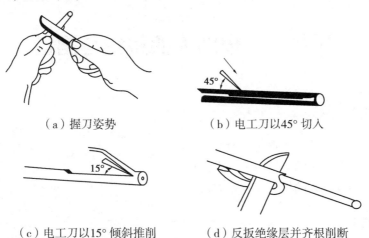

（a）握刀姿势　　　　　　（b）电工刀以45°切入

（c）电工刀以15°倾斜推削　　（d）反扳绝缘层并齐根削断

图7-16　使用电工刀剥削绝缘层的步骤

【任务练习】

实训题

请根据图 7-17 的电气原理图的线号顺序在操作台上面完成接线、压接端子及标注线号。

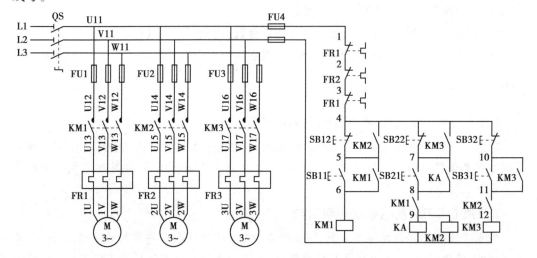

图 7-17　电气原理图

任务二　电能表的接线与测量

【任务目标】

能正确识别和根据需要选用电能表。

能掌握单相电能表的接线与测量方法。

能了解三相电能表的接线与测量方法。

【任务实施】

一、电能表的分类

电能表,俗称电度表,是专门用来计量某一时间段电能累计值的电工仪表。电能表按结构及工作原理,可分为感应式电能表、电子式电能表;按安装接线方式,可分为直接接入式、间接接入式;按用途,可分为有功电能表、无功电能表、复费率分时电能表、预付费电能表等。

二、电能表的铭牌和额定值

电能表的铭牌和额定值在其外观上可容易找到,如图7-18所示。

图 7-18　电能表的铭牌和额定值

1.型号

电能表的型号很好,其具体   下:

D—用在前面表示电能表,如   面表示多功能,如 DTSD855;

DD—单相,如 DD862;

DT—三相四线,如 DT862;

DS—三相三线,如 DS862;

F—复费率,如 DDSF855;

Y—预付费,如 DDSY855;

S—电子式,如 DDS855。

2.额定电压

电能表的额定电压大多数为 220 V,也有 380 V、110 V 和 36 V。

3.电能表的额定基本电流和最大电流

电能表上括号前的电流值叫额定基本电流,是作为计算负载基数电流值的;括号内的电流叫额定最大电流,是能使电表长期正常工作,而误差与温升完全满足规定要求的最大电流值。

电度表的基本电流和最大电流是选择电度表的重要依据。根据公式 $I=P/U$ 可知:

电度表的电流 $I >$ 电器总功率 $P/$ 单相电压 220 V

温馨提示:超负荷用电是不安全的,它是引发电气火灾的主要原因。

4.电能表常数

电能表上还标明了电能表常数,如 2 000 r/kWh,其含义是指接在该电能表上的用电器,每消耗 1 kW·h 的电能,电能表上的转盘转 2 000 转。

三、接线原则

使用单相电度表,电流线圈(1-2)与负载串联,电压线圈(1-3/4)与负载并联,两线圈的同名端应接在电源的同一极性端。单相电度表接线盒中标明的 4 个接线端钮,连接时只要按照 1、3 端接电源,2、4 端接负载即可,如图 7-19 所示。

单相电能表接线盒内的 4 个接线端子,从左向右编号分别为 1、2、3、4。可记作火线 1 进 2 出,中(零)线 3 进 4 出,如图 7-20 所示。

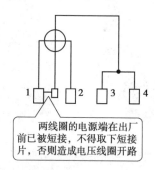

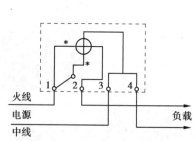

图 7-19 单相电度表接线原则

图 7-20 单相电度表接线图

四、三相电能测量

1.对称三相四线制电能的测量

对称三相四线制电能测量接线如图 7-21 所示。

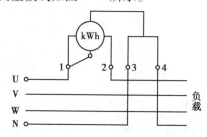

图 7-21 对称三相四线制电能测量的接线

该方法用一只单相电度表测量三相电路的电能,只适用于对称的三相四线制电路。电度表测量的是任一相负载所消耗的电能,乘以 3 就是三相负载的电能。通过电流线圈的是相电流,加在电压线圈上的电压是相电压。

2.不对称三相四线制电能的测量

不对称三相四线负载电能的测量使用三相四线电能表,接线图及接线盒如图 7-22 所示。

三相四线电能表是三个单相电能表的组合,图中是三相四线电能表接线盒中标明的接线端钮。其中 2 与 1、5 与 4、8 与 7 已在内部连接好。

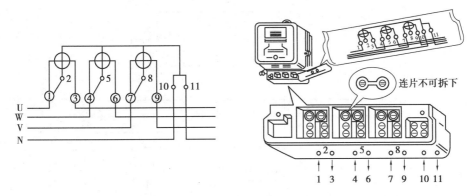

图 7-22 不对称三相四线制电能测量的接线

其接线原则可记作"三相线 1 进 3 出, 4 进 6 出, 7 进 9 出; 零线 10 进 11 出"。

3. 三相三线制电能的测量

三相三线负载电能的测量使用三相三线电能表, 接线图及接线盒如图 7-23 所示。

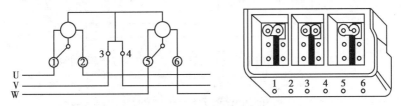

图 7-23 三相三线制电能测量的接线

1、2、5、6 电流线圈接线端钮, 3、4 电压线圈的端钮。

4. 三相电能表的间接接入

在电压电流较大的非家庭用电场合, 常常利用电压互感器、电流互感器将电压电流按比例缩小后再接入电能表, 可避免超出量程, 如图 7-24 所示。

电能表与电流互感器配合使用时, 本月实际用电量 (kW·h) = (本月读数−上月读数) × 变流比。

电能表与电压、电流互感器配合使用时, 本月实际用电量 (kW·h) = (本月读数−上月读数) × 变流比 × 变压比。

注意: 电流互感器和电压互感器的铁芯和二次绕组须可靠接地。

【任务练习】

实训题

请根据图 7-25 电气原理图在操作台上完成对三相四线电能表的接线。

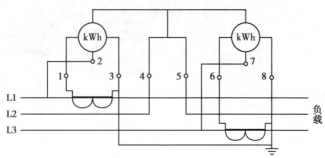

（a）三相三线电能表与电流互感器的接线

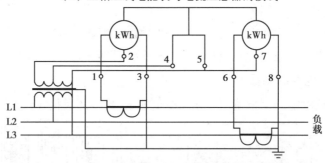

（b）三相三线电能表与电流互感器、电压互感器的接线

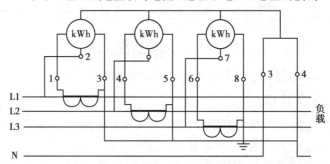

（c）三相四线电能表与电流互感器的接线

图 7-24 三相电能间接测量的常用接法

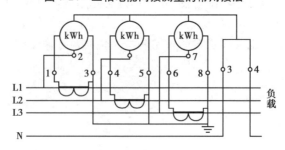

图 7-25 电气原理图

任务三　认识开关插座电路

【任务目标】

能理解基本的开关插座控制电路的工作原理。

能掌握灯座火线(相线)进开关、插座左零右火上接地的接线方法。

能绘制基本照明控制电路原理图。

【任务实施】

一、一灯一控

一灯一控是生活中最基本的照明线路,红色代表相线(火线),蓝色代表中性线(零线),其原理图和接线图如图 7-26 所示。

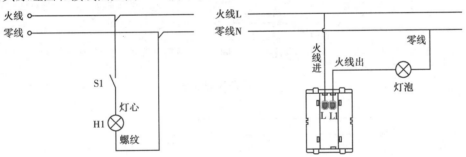

图 7-26　一灯一控原理图和接线图

注意:"火线进开关,零线进灯头。"零线直接进灯座,火线经开关后再进灯座,以达到控制负载通断的目的,且必须将火线接在螺纹灯座的中心铜片,零线接在灯座螺纹口铜片上。

二、两灯一控

两灯一控即使用一个开关控制两盏灯同时亮、灭,其原理图和接线图 7-27 所示。其注意事项同一灯一控电路,不再赘述。

三、一灯两控

一灯两控在家庭中较常见,比如卧室的灯需要在床头和进门处均设置开关实现亮灭控制。一灯两控的原理如图 7-28 所示,可以看出无论拨动哪个开关(S1 或 S2),整个电路的状态都会切换(连通和断开),这就实现了任何一个开关都可以随时打开或关掉所控制

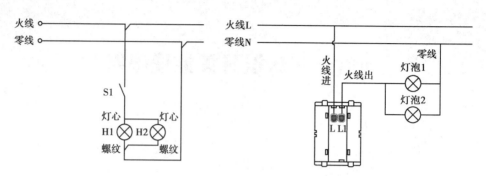

图 7-27　两灯一控原理图和接线图

的灯,这就是双控。在这个电路中,使用了两只单联双控开关(也称单刀双掷开关)。单联双控开关的背部有三个接线端子,L 为公共端(动触头),L1、L2 分别为两个馈线端子(静触头)。必须注意的是,一灯两控电路两个开关间的连接线 L1、L2 必须连到对应的馈线端子(静触头)上,而火线进 B 点处和出 E 点处必须接到公共端(动触头)上,否则不能实现功能。

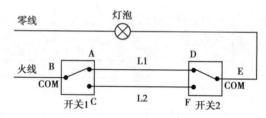

（a）一灯两控原理图

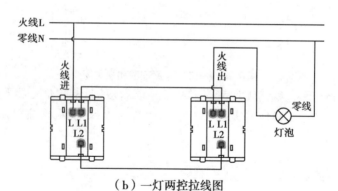

（b）一灯两控拉线图

图 7-28　一灯两控的原理图和接线图

在实际生活中,难免遇到需将一灯单控改造成一灯双控的情况。图 7-29 中 A、B 就是原有线路中的开关线,把原有的单联单控开关(S)拿掉,换上单联双控开关(S1),通过走线槽由这个原有的开关盒(S1)过 3 根线到新的开关盒(S2)。图中 A、B 两根线不必区分,也就是说哪根是 A 哪根是 B 无所谓,单联双控开关中的两个馈线端子(静触头)也不必区分。

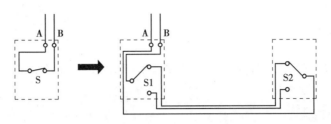

图 7-29 一灯一控升级为一灯两控的接线图

四、一灯三控

一灯三控即三个不同地点的开关可以任意地用其中一个来控制灯的亮灭。其控制电路是在一灯两控的基础上增加了一只单联三控开关(即双刀双掷开关,也称中间开关),其原理图和接线图如图 7-30 所示。

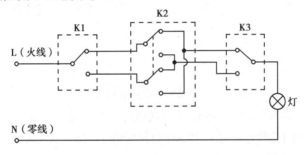

(a)一灯三控原理图

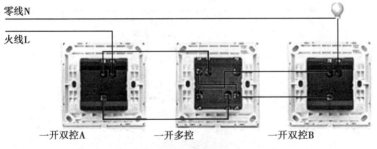

(b)一灯三控接线图

图 7-30 一灯三控原理图和接线图

相同的原理,可以在此基础上通过增加中间开关来实现一灯四控、一灯五控等。

【知识探究】

双联双控开关如何改造成单联三控开关?

打开双联双控开关和单联三控开关的底座,可以看出两种类型的开关内部结构(动静触点结构、布置和数目等)是一样的。因此,将双联双控开关的两个翘板使用 502 胶水粘连起来,使之能同时动作,便将双联双控开关成功改造成单联三控开关。

五、插座电路

插座有单相插座和三相插座,其实物外形如图 7-31 所示,其图形符号如图 7-32 所示。

(a)单相三孔插座　　　　　　　　(b)三相四孔插座

图 7-31　单相三孔插座和三相四孔插座实物图

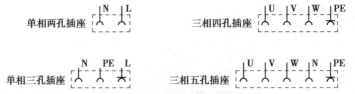

图 7-32　单相和三相插座的图形符号

通常把插座的正面正对我们,单相三孔插座接入的线路是左零右火上地;但在接线时要把插座的背面转过来,即左侧是火线,右侧是零线,上面是地线,如图 7-33 所示。依次将对应的线路接入插座接线柱即可。

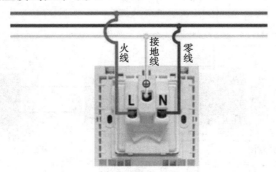

图 7-33　单相三孔插座接线

三相插座接线时一定要和负载(插头)进行核相,确保相序正确,否则可能造成电机反转或相间短路故障。

【任务练习】

实训题

1.根据图 7-34 所示原理图,在木工板上练习安装双控开关控制一盏灯。

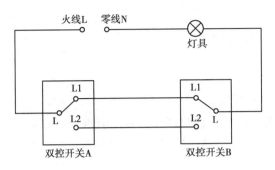

图 7-34　原理图

2.根据图 7-35 所示原理图,在木工板上练习安装简单照明电路。

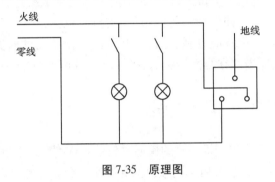

图 7-35　原理图

任务四　照明与插座电路线槽布线装调测

【任务目标】

能根据提供的原理图和已有器材对线路布局进行设计。

能根据提供的原理图按照工艺要求进行电路安装与接线。

能借助万用表、验电笔等仪表工具检查和维修照明与插座电路的常见故障。

【任务实施】

照明与插座电路是由引入电源线连通电度表、总开关、导线、分路出线开关、支路、用电设备等组成的回路。技能考试采用板前线槽配线来考查照明与插座电路的安装、调试和检测(后文简称装调测)。板前线槽布线,线槽的槽中空间容纳导线,两侧缺口供导线进出用。用于电气元件的所有连接导线都要通过线槽,所以在电气安装木底板的四周都需配线槽。线槽和其他元器件均用螺钉固定在木底板上。

线槽配线效率高,对电气元件在木底板上的排列方式没有特殊要求,在维修过程中更换元器件时,对线路的完整性也无影响,但配线所用的导线数量较多。

一、板前线槽配线照明与插座电路的安装

1.一般安装步骤及说明

1）准备实训材料和工器具

根据电气原理图确定所需实训材料和工具。清点、准备各种元器件并检测元器件的良好,准备好实训所需的相应型号的导线、线槽、螺钉等耗材。同时,准备好本次实训所需的各种工具。

2）安装电气元件和线槽

简单的照明与插座电路可直接进行布置和连接,较复杂的线路,安装前必须绘制电气元件布置图和电气接线图。如果电气元件布局不合理,就会给具体安装和接线带来较大的困难。各元器件的安装位置应齐整、匀称、间距合理,便于元件的更换。紧固各原件时要用力匀称,紧固程度适当。在紧固熔断器、接触器等易碎元件时,应用手按住元件,先对角固定,再两边固定。

安装线槽时要考虑规划合理的行线通道,有利于布线,使板面整洁。

3）下线

主电路的连接线一般采用 2.5 mm^2 的单股硬铜线（BV 线）;控制电路一般采用 1 mm^2 的多股软铜线（BVR 线）,并且要用不同颜色的导线来区分主电路、控制电路和接地线。

规划合理的行线通道,应避免线路交叉。然后根据行线通道裁剪导线,注意不能过长或过短。

4）套管和标线号

导线线号的标识应与原理图和接线图相符。在每一根连接导线的线头上必须套上标有线号的套管,位置应接近端子处。在遇到 6 和 9 或 16 和 91 这类倒顺都能读数的号码时,必须做记号加以区别,以免造成线号混淆。线号的编制方法应符合国家相关标准。

5）制作冷压端子

有些端子不适合连接软导线时,可在导线端头上先压接针形、叉形等冷压端子。如果采用专门设计的端子,可以连接两根或多根导线,但导线的连接方式,必须是工艺上成熟的各种方式,如夹紧、压接、焊接、绕接等。这些连接工艺应严格按照工序要求进行。

冷压端子压接完成必须检查牢固、可靠,不得压塑料层,线头露铜不得超过 1 mm。

6）接线

根据电气原理图和接线图来接线,遵从"从左到右,从上到下"的原则。接线时对于每一个元器件本身应遵从"由里及外,由下而上",以不妨碍后续布线为原则。

所有导线从一个端子到另一个端子的走线必须是连续的,中间不得有接头。所有导线的连接必须牢固,端子不得压绝缘层,线头露铜不得超过 1 mm。一般是一个端子只连接一根导线,最多不得超过两根导线。

导线每连接一个端子,就轻轻地拉扯一下,检查接线是否牢固,如有必要则应进行重新连接。

7)通电前检查

安装完毕的线路,必须经过认真检查后,才能通电试车,以防止接线错误或漏接线从而引起线路动作不正常,甚至造成短路事故。应按"三查"步骤进行检查。

(1)查接线有无错误。按电气原理图或电气接线图从电源端开始,逐段核对接线及接线端子处线号,重点检查主回路有无漏接、错接及控制回路中容易接错的线号,还应核对同一导线两端线号是否一致。

(2)查接线是否牢固。检查端子上所有接线连接是否牢固,接触是否良好,不允许有松动、脱落现象,以免通电试车时因导线虚接造成故障。

(3)查接线是否接通。在控制电路不通电时,用手动方式来模拟电器的操作动作,用万用表测量线路的通断情况。检查时应根据控制电路的动作来确定检查步骤和内容,并根据原理图和接线图选择测量点。

8)通电调试及试运行

电路检查完毕,经检查无误后,可以进行通电调试及试运行。为保证人身和设备安全,通电试车时必须有教师或考官专人监护。

2.安装的工艺标准

(1)导线与接线端子连接紧固,不得露铜、反圈,布线时严禁损伤导线线芯和绝缘层。

(2)各电气元件与行线槽之间的外露导线应走向合理,每根导线要拉勒挺直,行线做到平直整齐,横平竖直,式样美观。导线变换走向时要垂直。同一元件上位置一致的端子和同型号电气元件中位置一致的端子上引出或引入的导线要敷设在同一平面上,并应高低一致,不得交叉。

(3)各电气元件的接线端子引出导线的走向以元件的水平中心线为界限,在水平中心线以上接线端子引出的导线必须进入元件上面的导线槽。在水平中心线以下接线端子引出的导线必须进入元件下面的行线槽。任何导线都不允许从水平方向进入行线槽。

(4)各电气元件接线端子上引出或引入的导线,除间距很小和元件机械强度很小允许直接架空敷设之外,其他导线必须沉底贴板走线,并经过行线槽进行连接。

(5)进入行线槽的导线完全置于行线槽内,并应尽可能避免交叉,装线不得超过其容量的70%,要求能盖上行线槽盖,不影响以后的装配和维修。

(6)所有冷压端子、导线接头上都应该套有与电路图上相应的接点线号一致的编码套管,并按线号进行连接,连接必须牢固可靠,不得松动。

(7)在任何情况下,冷压端子必须与导线截面和材料性质相适应。当冷压端子不适合连接软线或截面较小的软线时,可以将导线端头倒回并拧紧后再固定至元件端子上。

(8)一个电气元件接线端子上的线头不得多于两个,每节端子排上的连接导线一般只允许连接一根。

(9)螺旋式熔断器中心片(下接线柱)应接电源进线端,螺纹口(上接线柱)应接负载馈线端,即遵循"下进上出"的原则。

(10)所有电气元件和端子排上的空余螺钉一律要拧紧。

【知识探究】

三种典型接线端子的线头连接方法

1.线头与柱形端子的连接

工艺标准:不管单股线芯还是多股线芯的线头,在插入孔内时必须插到底,同时,导线绝缘层不得插入孔内。

(1)线芯直径与孔大小相匹配,软芯线需绞紧后再入孔,如图 7-36 所示。

(2)孔过大时可将线芯螺旋缠绕自增粗后再入孔,如图 7-37 所示。

图 7-36　绞紧后入孔

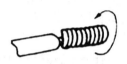

图 7-37　缠绕自增粗后入孔

(3)孔过小时可减去部分线芯并绞紧后再入孔。

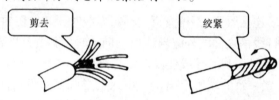

图 7-38　减去部分绞紧后入孔

2.线头与螺钉端子的连接

工艺标准:压接圈和冷压端子必须压在垫圈下面;压接圈的弯曲方向必须与螺钉的拧紧方向保持一致;导线的绝缘层不得压入垫圈内。

方法如图 7-39 所示,可归纳为折、弯、剪、修四个字。

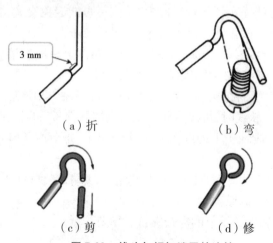

（a）折　　　　　　（b）弯

（c）剪　　　　　　（d）修

图 7-39　线头与螺钉端子的连接

3.线头与瓦形垫圈螺钉端子的连接

如图7-40所示,分别为单线头和双线头与瓦形垫圈螺钉端子的连接方法示意。

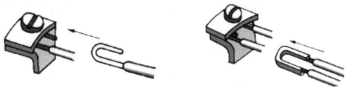

（a）单线头　　　　　　　　（b）双线头

图7-40　单、双线头与瓦形垫圈螺钉端子的连接

二、照明与插座电路调试与检测

照明与插座电路安装完毕后必须经过严格的检查,确保安全后方能送电。通常情况下,照明与插座电路的检查应依次从每个组成部分开始,遵循"先电源再用电设备"的原则。

1.照明与插座电路的检查

1）接电前的检查

线路安装完毕后,要经过检查,才能接上电源,检查内容如下。

（1）检查线路通断情况。

通电前,检查线路是否存在短路、断路现象,通常借助万用表进行检查。

①使用万用表蜂鸣挡,将红表笔置于总电源火线端头处,将黑表笔依次置于各用电设备火线进线端子处,此时万用表显示"OL",即线路未通;然后合上总电源断路器、相应的支路电源断路器和控制开关,此时万用表显示"0"并发出蜂鸣,即线路已通。则说明该设备支路火线接线正确。

②使用万用表蜂鸣挡,将红表笔置于总电源零线端头处,将黑表笔依次置于各用电设备零线进线端子处,此时万用表均应显示"0"并发出蜂鸣,即线路已通。则说明该设备支路零线接线正确。

（2）检查线路绝缘性能。

检查线路的绝缘性能,通常借助兆欧表进行检查。

兆欧表检查线路绝缘性能的操作步骤及方法为:卸下线路中所有的用电器;测量前,对兆欧表进行"开路试验"和"短路试验"检查,确认仪表是完好的,然后把兆欧表的L接被测线路,E接地或用电器外壳,如果测线与线之间的绝缘电阻,两根线随便接在兆欧表的L与E上。接好后,再进行测试。

一般来讲,带分路的每条照明线路的绝缘电阻应不低于0.5 MΩ,否则会因绝缘不良而引起通电后漏电的现象。

说明:技能实训考试,考题中无要求则不做线路的绝缘性能检测。

（3）检查线路安装工艺。

①线路布线是否满足使用、安全、合理、可靠的要求。

②相线（火线）、零线（中性线）、接地线的颜色是否符合规定。

③线槽内的导线,是否有接头。线槽盖板是否盖上。

④导线与电气装置端子的连接是否紧密压实。

⑤线路是否套号码管。

⑥熔断器、开关、插座等元器件的接线是否正确。特别是要检查相线（火线）是否进开关,插座接线是否遵守"左零右火上接地"的规则。

2）通电调试及运行

经教师检查接线合格方可在其监护下接电。板前配线照明与插座电路的接电通常使用一个单相三针插头连接到安装板总电源端子排处的火线、零线、接地线端子上。然后将插头插入实验台带有紧急打闸、短路保护和漏电保护的电源插座上,即完成了线路的接电。

注意:插头 L、N、PE 三根线一定不能接错,且接电前应断开安装板和实验台上的总电源开关。

送电由电源端开始往负载依次顺序送电。先合上总开关,然后合上控制照明灯的开关,照明灯正常发亮;然后检查插座是否可以正常工作。操作各功能开关时,若不符合要求,应立即停电,判断照明电路的故障。

2.电路的典型故障

照明与插座电路的典型故障主要有断路、短路和漏电。

1）断路

相线、零线均可能出现断路。断路故障发生后,负载将不能正常工作。三相四线制供电线路负载不平衡时,如零线断线会造成三相电压不平衡,负载大的一相相电压低,负载小的一相相电压增高,如负载是白炽灯,则会出现一相灯光暗淡,而接在另一相上的灯又变得很亮,同时零线断路负载侧将出现对地电压。

产生断路的原因:主要有熔丝熔断、线头松脱、断线、开关没有接通、铝线接头腐蚀等。

断路故障的检查:如果一个灯泡不亮而其他灯泡都亮,应首先检查是否不亮灯泡的灯丝烧断;若灯丝未断,则应检查开关和灯头是否接触不良、有无断线等。为了尽快查出故障点,可用验电器测灯座（灯头）的两极是否有电,若两极都不亮说明相线断路;若两极都亮（带灯泡测试）,说明中性线（零线）断路;若一极亮一极不亮,说明灯丝未接通。对于日光灯来说,应对启辉器进行检查。如果几盏电灯都不亮,应先检查总保险是否熔断或总闸是否接通,也可按上述方法和验电器来判断故障。

2）短路

短路故障表现为熔断器熔丝爆断;短路点处有明显烧痕、绝缘碳化,严重的会使导线绝缘层烧焦甚至引起火灾。

造成短路的原因:

（1）用电器具接线不好,以致接头碰在一起。

（2）灯座或开关进水,螺旋灯头内部松动或灯座顶芯歪斜碰及螺口,造成内部短路。

（3）导线绝缘层损坏或老化,并在零线和相线的绝缘处碰线。

短路故障的检查:当发现短路打火或熔丝熔断时应先查出发生短路的原因,找出短路故障点,处理后更换保险丝,恢复送电。

3)漏电

漏电不但造成电力浪费,还可能造成人身触电伤亡事故。

产生漏电的原因:主要有相线绝缘损坏而接地、用电设备内部绝缘损坏使外壳带电等。

漏电故障的检查:漏电保护装置一般采用漏电保护器。当漏电电流超过整定电流值时,漏电保护器动作切断电路。若发现漏电保护器动作,则应查出漏电接地点并进行绝缘处理后再通电。线路的接地点多发生在穿墙部位和靠近墙壁、天花板等部位。查找接地点时,应注意查找这些部位。

(1)判断是否漏电:在被检查建筑物的总开关上接一只电流表,接通全部电灯开关,取下所有灯泡,进行仔细观察。若电流表指针摇动,则说明漏电。指针偏转的多少,取决于电流表的灵敏度和漏电电流的大小。若偏转多则说明漏电大,确定漏电后可按下一步继续进行检查。

(2)判断漏电类型:是火线与零线间的漏电,还是相线与大地间的漏电,或者是两者兼而有之。以接入电流表检查为例,切断零线,观察电流的变化:电流表指示不变,是相线与大地之间漏电;电流表指示为零,是相线与零线之间的漏电;电流表指示变小但不为零,则表明相线与零线、相线与大地之间均有漏电。

(3)确定漏电范围:取下分路熔断器或拉下开关刀闸,电流表若不变化,则表明是总线漏电;电流表指示为零,则表明是分路漏电;电流表指示变小但不为零,则表明总线与分路均有漏电。

(4)找出漏电点:按前面介绍的方法确定漏电的分路或线段后,依次拉断该线路灯具的开关,当拉断某一开关时,电流表指针回零或变小,若回零则是这一分支线漏电,若变小则除该分支漏电外还有其他漏电处;若所有灯具开关都拉断后,电流表指针仍不变,则说明是该段干线漏电。

3.电气元件常见故障及排除

(1)开关的常见故障及排除见表7-2。

表7-2　开关的常见故障及排除

故障现象	产生原因	排除方法
开关操作后电路不通	接线螺丝松脱,导线与开关导体不能接触	打开开关,紧固接线螺丝
	内部有杂物,使开关触片不能接触	打开开关,清除杂物
	机械卡死,拨不动	给机械部位加润滑油,机械部分损坏严重时,应更换开关

续表

故障现象	产生原因	排除方法
接触不良	压线螺丝松脱	打开开关盖,压紧界限螺丝
	开关触头上有污物	断电后,清除污物
	拉线开关触头磨损、打滑或烧毛	断电后修理或更换开关
开关烧坏	负载短路	处理短路点,并恢复供电
	长期过载	减轻负载或更换容量大一级的开关
漏电	开关防护盖损坏或开关内部接线头外露	重新配全开关盖,并接好开关的电源连接线
	受潮或受雨淋	断电后进行烘干处理,并加装防雨措施

（2）插座的常见故障及排除见表7-3。

表7-3　插座的常见故障及排除

故障现象	产生原因	排除方法
插头插上后不通电或接触不良	插头压线螺丝松动,连接导线与插头片接触不良	打开插头,重新压接导线与插头的连接螺丝
	插头根部电源线在绝缘皮内部折断,造成时通时断	剪断插头端部一段导线,重新连接
	插座口过松或插座触片位置偏移,使插头接触不上	断电后,将插座触片收拢一些,使其与插头接触良好
	插座引线与插座压线导线螺丝松开,引起接触不良	重新连接插座电源线,并旋紧螺丝
插座烧坏	插座长期过载	减轻负载或更换容量大的插座
	插座连接线处接触不良	紧固螺丝,使导线与触片连接好并清除生锈物
	插座局部漏电引起短路	更换插座
插座短路	导线接头有毛刺,在插座内松脱引起短路	重新连接导线与插座,在接线时要注意将接线毛刺清除
	插座的两插口相距过近,插头插入后碰连引起短路	断电后,打开插座修理
	插头内部接线螺丝脱落引起短路	重新把紧固螺丝旋进螺母位置,固定紧
	插头负载端短路,插头插入后引起弧光短路	消除负载短路故障后,断电更换同型号的插座

（3）白炽灯常见故障及排除方法见表7-4。

表 7-4　白炽灯常见故障及排除方法

故障现象	产生原因	排除方法
灯泡不亮	灯泡钨丝烧断	更换灯泡
	灯座或开关触点接触不良	把接触不良的触点修复,无法修复时,应更换完好的触点
	停电或电路开路	修复线路
	电源熔断器熔丝烧断	检查熔丝烧断的原因并更换新熔丝
灯泡强烈发光后瞬时烧毁	灯丝局部短路(俗称搭丝)	更换灯泡
	灯泡额定电压低于电源电压	换用额定电压与电源电压一致的灯泡
灯光忽亮忽暗,或忽亮忽熄	灯座或开关触点(或接线)松动,或因表面存在氧化层(铝质导线、触点易出现)	修复松动的触头或接线,去除氧化层后重新接线,或去除触点的氧化层
	电源电压波动(通常附近有大容量负载经常启动引起)	更换配电所变压器,增加容量
	熔断器熔丝接头接触不良	重新安装,或加固压紧螺钉
	导线连接处松散	重新连接导线
开关合上后熔断器熔丝烧断	灯座或挂线盒连接处两线头短路	重新接线头
	螺口灯座内中心铜片与螺旋铜圈相碰、短路	检查灯座并扳准中心铜片
	熔丝太细	正确选配熔丝规格
	线路短路	修复线路
	用电器发生短路	检查用电器并修复
灯光暗淡	灯泡内钨丝挥发后积聚在玻璃壳内表面,透光度降低,同时由于钨丝挥发后变细,电阻增大,电流减小,光通量减小	正常现象
	灯座、开关或导线对地严重漏电	更换完好的灯座、开关或导线
	灯座、开关接触不良,或导线连接处接触电阻增加	修复、接触不良的触点,重新连接接头
	线路导线太长太细,线路压降太大	缩短线路长度,或更换较大截面的导线
	电源电压过低	调整电源电压

（4）熔断器的常见故障及排除方法见表7-5。

表 7-5　熔断器的常见故障及排除方法

故障现象	产生原因	排除方法
通电瞬间熔体熔断	熔体安装时受机械损伤严重	更换熔丝
	负载侧短路或接地	排除负载故障
	熔丝电流等级选择太小	更换熔丝
熔丝未断但电路不通	熔丝两端或两端导线接触不良	重新连接
	熔断器的端帽未拧紧	拧紧端帽

（5）漏电断路器的常见故障分析。

漏电断路器的常见故障有拒动作和误动作。拒动作是指线路或设备已发生预期的触电或漏电时漏电保护装置拒绝动作；误动作是指线路或设备未发生触电或漏电时漏电保护装置的动作，其具体产生原因见表7-6。

表 7-6　拒动作和误动作

故障现象	产生原因
拒动作	漏电动作电流选择不当。选用的保护器动作电流过大或整定过大，而实际产生的漏电值没有达到规定值，使保护器拒动作
	接线错误。在漏电保护器后，如果把保护线（即PE线）与中性线（N线）接在一起，发生漏电时，漏电保护器将拒动作
	产品质量低劣，零序电流互感器二次电路断路、脱扣元件故障
	线路绝缘阻抗降低，线路由于部分电击电流不沿配电网工作接地或漏电保护器前方的绝缘阻抗，而沿漏电保护器后方的绝缘阻抗流经保护器返回电源
误动作	接线错误，误把保护线（PE线）与中性线（N线）接反
	在照明和动力合用的三相四线制电路中，错误地选用三极漏电保护器，负载的中性线直接接在漏电保护器的电源侧
	漏电保护器后方有中性线与其他回路的中性线连接或接地，或后方有相线与其他回路的同相相线连接，接通负载时会造成漏电保护器误动作
	漏电保护器附近有大功率电器，当其开合时产生电磁干扰，或附近装有磁性元件或较大的导磁体，在互感器铁芯中产生附加磁通量而导致误动作
	当同一回路的各相不同步合闸时，先合闸的一相可能产生足够大的泄漏电流
	漏电保护器质量低劣，元件质量不高或装配质量不好，降低了漏电保护器的可靠性和稳定性，导致误动作
	环境温度、相对湿度、机械振动等超过漏电保护器设计条件

（6）单相电能表的常见故障分析见表 7-7。

表 7-7　单相电能表的常见故障分析

故障现象	产生原因	排除方法
电能表不转或反转	电能表的电压线圈端子的小连接片未接通电源	打开电能表接线盒,查看电压线圈的小钩子是否与进线火线连接,未连接时要重新接好
	电能表安装倾斜	重新校正电能表的安装位置
	电能表的进出线相互接错引起倒转	电能表应按接线盒背面的线路图正确接线

【任务练习】

实训题

请根据图 7-41 的布局图在操作台上自行设计照明线路并完成对应电路的接线。

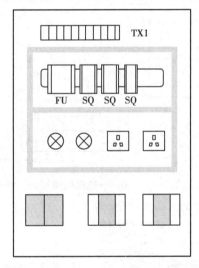

图 7-41　布局图

任务五　认识照明与插座控制电路

【任务目标】

了解常用照明灯具、开关及插座电路的结构特点及工作原理。

能根据已经掌握的知识,结合提供的原理图,设计照明灯具开关插座控制线路的布局。

能根据提供的原理图,按照工艺要求进行电路安装与调试。

【任务实施】

一、一灯一控+一插座电路(插座不受开关控制)

单相电能表一般应安装在配电板的左边,开关安装在配电板的右边。

单相电能表的接线盒内有 4 个接线端子,自左向右为①、②、③、④。接线方法是①、③接进线,②、④接出线。有的电能表接线有特殊要求,具体接线时应以电能表所附接线图为依据。

一灯一控+一插座的原理接线图如图 7-42 所示。

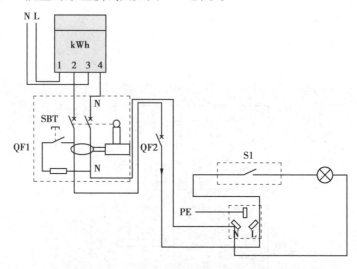

图 7-42　一灯一控+一插座电路原理接线图

实物接线图如图 7-43 所示。

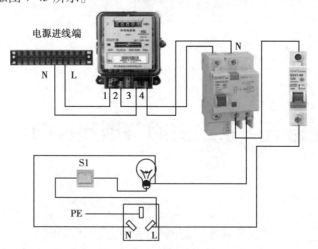

图 7-43　一灯一控+一插座电路实物接线图

二、一灯一控+一插座+一灯两控电路

一灯一控+一插座+一灯两控电路的原理接线图如图 7-44 所示。

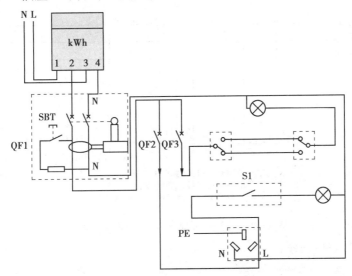

图 7-44 一灯一控+一插座+一灯两控电路原理接线图

实物接线图如图 7-45 所示。

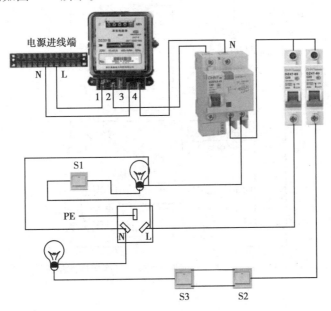

图 7-45 一灯一控+一插座+一灯两控电路实物接线图

三、一灯一控+一插座一控+一灯两控电路

一灯一控+一插座一控+一灯两控电路的原理图如 7-46 所示。

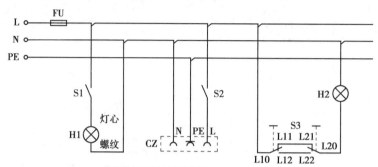

单联单控开关S1控制灯H1；
单联单控开关S2控制插座CZ；
双联双控开关S3控制灯H2（模拟两地控制）。

图 7-46　一灯一控+一插座一控+一灯两控电路原理图

接线图如图 7-47 所示。

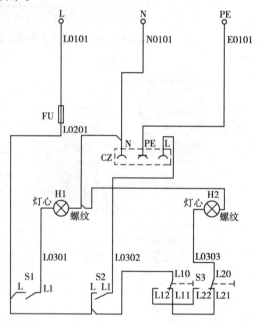

图 7-47　一灯一控+一插座一控+一灯两控电路接线图

【知识探究】

带开关型插座有两种常见接法,即插座带灯具开关和插座带电路开关。

1.插座带灯具开关

插座带灯具开关,既可以插电器,也可以控制灯具。背面有开关的接线柱和插座的接

线柱。首先接开关,因为照明开关只有火线,标识是 L,比较好辨认,L 接照明线路的进线（通往配电箱）,L1、L2 等接照明线路的出线（通往照明灯）,如图 7-48 所示为单开单控五孔面板开关控制灯具等其他电器,但不控制插座接法。

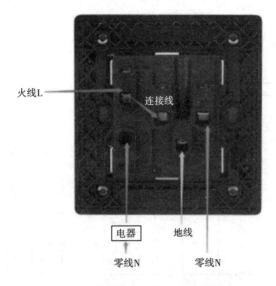

火线L　　连接线

电器　　地线

零线N　　零线N

图 7-48　单开单控五孔控制灯具接法

2.插座带电路开关

插座带电路开关是指插座上的开关是控制插座电路通断的。这种插座,一般先接火线,火线先进入控制开关 L 接线柱,然后将开关 L1 出线与插座的 L 连接在一起,然后零线接插座的 N 接线柱,地线接入地线的接线柱即可,如图 7-49 所示为单开单控五孔面板开关控制插座接法。

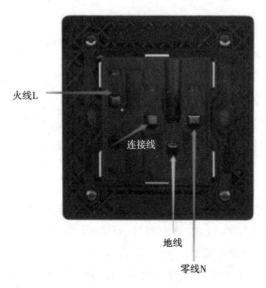

火线L

连接线

地线

零线N

图 7-49　单开单控五孔面板开关控制插座接法

【任务练习】

实训题

请根据图 7-50 电气原理图及布局图在操作台上完成对电路的安装与测试。

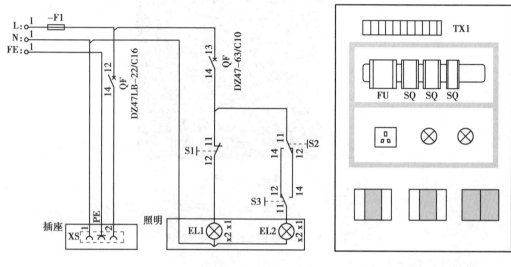

图 7-50　电气原理图

任务六　荧光灯照明电路的安装与调测

【任务目标】

能了解启辉器、镇流器在电路中的作用,了解荧光灯电路的工作原理。

能结合提供的原理图,合理设计线路布局。

能根据提供的原理图,按照工艺要求进行安装与接线。

能对电路中出现的典型故障进行检查和排除。

【任务实施】

荧光灯照明是常见的照明线路之一,由灯管、镇流器、启辉器、灯座、支架和开关等组成。其中,灯管可看作电阻性负载,镇流器可看作一个电感线圈,因此,荧光灯照明线路可看作电阻和电感串联的电路。荧光灯的分类方式不同,按灯管形状,可分为直管形(粗管和细管)、环形和 U 字形等;按阴极情况,可分为阴极荧光灯、冷阴极荧光灯、快速启动荧光灯和反射式荧光灯等;按发出的颜色不同,可分为日光色(色温 6 500 K,白中带青)、冷白色(色温4 300 K)、暖白色(色温2 900 K,略带黄色)和红、橙、黄、绿、蓝等。

一、荧光灯工作原理

1.荧光灯各部件作用

(1)灯管。日光灯管又称低压汞荧光灯,是利用水银蒸汽放电发光的原理制成,其内部结构如图7-51所示。

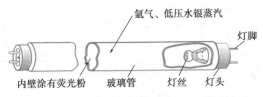

图7-51 荧光灯管结构图

水银蒸汽放电发光时发出的大部分是紫外线,只有一小部分是可见光。紫外线照射在涂在灯管内壁的荧光粉上,荧光粉被激发,发出可见光。不同光色,可以涂不同荧光粉。

(2)镇流器。传统的镇流器是一个带有铁芯的电感线圈,具有自感作用。一方面,它在灯管启辉器瞬间产生脉冲高电压,使灯管点燃发光;另一方面,它在灯管工作时限制通过灯管的电流,使其不致过大而烧毁灯丝(因此又称限流器)。通常分为电感式镇流器和电子镇流器两种,如图7-52所示。

图7-52 镇流器实物图

(3)启辉器。启辉器由氖泡和纸介电容组成,如图7-53所示。氖泡内充有氖气,并装有两个电极,一个是固定的静触片,另一个是用膨胀系数不同的双金属片制成的倒U形可动的动触片。启辉器在电路中起自动开关作用。

2.工作原理

荧光灯照明线路工作原理如图7-54所示。接通电源瞬间,荧光灯灯管不发光。当电源电压经镇流器和灯丝全部加在启辉器中的U形双金属片时,氖管产生辉光放电发热,金属片受热膨胀并向外伸张,与静触点接触,接通回路;电流使灯管的灯丝受热,产生热电子发射。与此同时,启辉器内U形双金属片与静触点接触使电压降为零,停止辉光放电,双金属片逐渐冷却并向里弯曲,与静触片断开;在两触片分开的瞬间,电路中的电流突然切断,镇流器产生很大的自感电动势来阻碍电流的变化。这个自感电动势与电源电压叠加后作用于灯管两端。灯丝受激发时发射出来的大量电子,在灯管两端高电压作用下,以极大的速度由低电势端向高电势端运动。在加速运动的过程中,碰撞管内氩气分子,使之迅速电离。氩气电离产生的热量使水银变成蒸汽,随之水银蒸汽也被电离,并发出强烈的紫外线。在紫外线的激发下,管壁内的荧光粉发出近乎白色的可见光,日光灯被点亮。此时交流电不断通过镇流器的线圈,线圈产生自感电动势去阻碍线圈中的电流变化。这时镇流器起降压限流的作用,使灯管两端电压稳定在额定工作电压范围内。由于这个电压低于启辉器中氖气的电离电压,所以并联在灯管两端的启辉器也就不再起作用了。此时即使将启辉器从电路中拿走,也不会影响日光灯电路的正常工作。

图 7-53　启辉器结构图

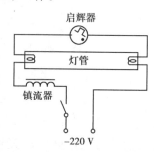

图 7-54　日光灯的工作原理

二、荧光灯的安装

(1)准备灯架。按荧光灯灯管的长度要求,购置或制作与之配套的灯架。

(2)组装灯架。灯架的组装就是将镇流器、启辉器、灯座和灯管安装在灯架上,选用的镇流器应与电源电压、灯管功率相配套;启辉器的规格取决于灯管功率。组装时,镇流器应装在灯架中间或在镇流器上安装隔热装置;启辉器应安装在灯架上便于维修和更换的地点;两灯座之间的距离应合适,防止灯脚松动造成灯管掉落。

(3)固定灯架。灯架的固定方式有吸顶式和悬吊式两种。悬吊式又分为金属链条悬吊和钢管悬吊两种。安装前,应先在设计的固定点打孔预埋合适的紧固件,然后将灯架固定在紧固件上。

(4)组装接线。启辉器座上的两个接线端应分别与左右灯座的一个接线端相连;两个灯座的另外接线端,一个与电源的中性线相连,另一个与镇流器的一个出线头相连;镇流器的另一出线与电源相线相连。在恢复绝缘层的前提下,与镇流器连接的导线既可通过瓷接线桩连接,也可直接连接。接线完毕,应对照线路图仔细检查,避免错接或漏接。荧光灯的结构与接线如图 7-55 所示。

(5)安装灯管。在插入式灯座上安装灯管时,应先将灯管一端灯脚插入带弹簧的一个灯座,然后稍用力使弹簧灯座活动部分向灯座内压出一小段距离,再将另一端顺势插入不带弹簧的灯座。在开启式灯座上安装灯管时,应先将灯管两端灯脚同时卡入灯座的开缝中,再用手握住灯管两端头旋转约 1/4 圈,使灯管的两个引脚被舒片卡住,电路接通。

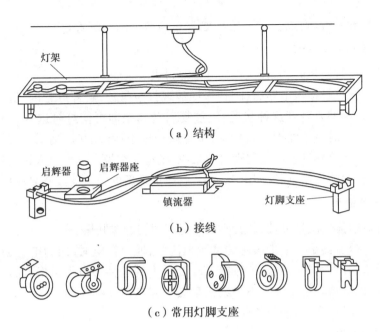

（a）结构

（b）接线

（c）常用灯脚支座

图 7-55　荧光灯的结构与接线

（6）安装启辉器。安装启辉器，就是把它直接旋放到启辉器底座上。

上述步骤完成后，可将开关、熔断器等按白炽灯的安装方法进行接线。经检查，确定无误后，即可通电试用。

三、荧光灯照明线路常见故障及维修方法

荧光灯照明线路常见故障，由电源、线路或荧光灯各部件等多方面原因引起。

1.灯管不发光

故障原因：电路中有断路器或灯座与灯脚接触不良，灯管断丝或灯脚与灯丝脱焊，启辉器与插座接触不良或其自身质量问题，镇流器线圈断路。

排除方法：首先用校验灯检查电路能否有电，如正常，则校验启辉器插座上有电压。检验时，先取出启辉器，再将校验灯与启辉器插座两接线并接，通电后如校验发暗红色光，则电路中无断路点，只有换上质量好的启辉器，荧光灯即可发光。假如校验灯不亮，则能够判断是灯座与灯管脚接触不良，转动灯管使之接触良好。如仍无效则应取下灯管，用万用表检讨灯管两端灯丝的通断状况和镇流器的通断状况，测出它们的冷态直流电阻能否契合规则请求，以判定其好坏。

2.灯丝立刻烧断

故障原因：电路接错，镇压器短路，灯管质量问题。

排除方法：检查电路接线，看镇流器能否与灯管灯丝串联在电路中，否则会因电流过大而销毁灯丝。如接线准确，再用万用表检讨镇流器能否短路，如短路，则说明镇流器已失去限流作用，会损毁灯丝，应改换或修复后再运用。若镇流器未短路，通电后灯管立刻

冒白烟,随即灯丝销毁,则说明灯管有重大漏气,应改换新的灯管。

3.灯管内有螺旋形光带

故障原因:灯管质量问题,镇流器任务电流过大。

排除方法:新灯管接入电路后,刚扑灭即涌现打滚景象,解释灯管内气体不纯以及灯管在出厂前老化不够。碰到这种状况,应重复启动几次即可使灯管进入正常任务状况。如新灯管扑灭数小时后才涌现打滚景象,重复启动也不能清除时,则属于灯管质量问题,应更换灯管。若换上新灯管后仍涌现打滚景象,则运用交换电流表串入镇流器回路,检讨镇流器能否起到限流作用,如发明电流过大,就应更换新的镇流器或修复后再使用。

4.镇流器有蜂音

故障原因:镇流器质量欠佳,装置不当引起与四周物体共振。

排除方法:镇流器是一个带铁芯的低频扼流圈,通交换电时,因为电磁振动发出蜂音是正常的,但依据出厂规范,间隔镇流器 1 m 处听不到这种噪声为及格产品,当噪声超标时应改换新的镇流器。装置位置不当或松动会引起与四周物体共振发出蜂音,可在镇流器下垫一块橡胶材料紧固后即可解决。

5.灯管两端发黑

故障原因:灯管老化,荧光灯附件不配套,开、关次数过于频繁。

排除方法:当灯管扑灭时间已接近或超越规定使用寿命,灯管两端发黑是正常的,这说明灯丝所涂抹的电子发射物质将耗尽。发黑部位在离灯管两端 50~60 mm。此时,因为荧光灯的光通量已大幅度降落,应改换新的灯管。如新灯管使用不久两端严重发黑,是由于灯丝上电子发射物质飞溅得太快,吸附在管壁上的缘故。此外,还应检查荧光灯开关的次数是否频繁,因为荧光灯的启动电流很大,开关次数过于频繁也会加速灯管老化。

6.灯管管端有微光

故障原因:接线方法不对,开关漏电;新灯管的余辉景象。

排除方法:首先检讨荧光灯线路,看开关能否错接在中性线上;若接在中性线上,因为灯管与墙壁间有电容存在,会使灯管断电时仍有微光,当用手触摸灯管时,辉光能加强。当发生这种状况时,只有将开关改接在相线上才可清除辉光景象。假如改接后仍有辉光景象,则应检查开关是否漏电。如果发现开关漏电,一定要修复或换新,否则会严重影响灯管的使用寿命。有时新装的荧光灯电路正确,但在断开电路后仍可看见强劲的辉光,这是因为新灯和内壁荧光粉在温度较高时产生的余辉景象,不会影响灯管的使用寿命。

【任务练习】

实训题

请设计一套三层楼道的照明控制线路。

项目八

三相异步电动机控制电路装调测

【项目导读】

三相笼型异步电动机的控制电路大都由继电器、接触器和按钮等有触点的电器组成，其控制线路有很多种。根据职教高考专业技能测试考试说明的要求，这里主要介绍三相异步电动机点动控制电路、自锁正转控制电路、接触器联锁正反转控制电路和Y—Δ降压启动控制电路的安装、调试与典型故障的检修。

任务一　三相异步电动机点动控制电路装调测

【任务目标】

掌握三相异步电动机点动控制电路的工作原理。

能对三相异步电动机点动控制电路常见故障进行分析。

能根据控制要求选择电气元件、导线,合理美观地布置元件位置,正确连接电路,通电试车。

能独立检测三相异步电动机点动控制电路的常见故障并排除这些故障。

【任务实施】

一、任务概述

1.点动控制的概念

所谓点动控制,是指按下按钮,电动机就得电运转;松开按钮,电动机就失电停转。点动控制电路是用按钮、交流接触器来控制电动机运转的最简单的控制电路,在工业生产过程中,常会见到用按钮点动控制电动机启停。一般应用场合有车床的快速移动电动机控制及机床的调整对刀等。

2.操作步骤

(1)确定方案。根据给定的电气原理图,选择所需的电气元件,并确定配线方案。熟悉按钮开关、交流接触器的结构形式、动作原理及接线方式和方法。

(2)记录设备参数。将所使用的主要电器的型号、规格及额定参数记录下来,并理解和体会各参数的实际意义。

(3)电动机外观检查。接线前,应先检查电动机的外观有无异常。如果条件许可,可以用手转动电动机的转子,观察转子转动是否灵活,与定子的间隙是否有摩擦现象等。

(4)电动机的绝缘检查。电动机在安装或投入运行前,用500 V或1 000 V的兆欧表测量三相交流异步电动机绝缘电阻值,其测量项目包括各绕组的相间绝缘电阻和各绕组对外壳(地)的绝缘电阻,把测量结果填入表8-1中,并判断绝缘电阻是否合格。

①测量电动机相与地(外壳)绝缘电阻时,E端(黑色引线)接电动机外壳,L端(红色引线)分别接被测绕组的一端(U—外壳;V—外壳;W—外壳)。

②测量电动机相与相绝缘电阻时,E端(黑色引线)、L端(红色引线)分别接三相电动机三相被测绕组的一端(U—V;U—W;V—W)。

③每一次测量时,摇柄转速由慢到快摇动手柄,直到转速达120 r/min左右,保持手柄

的转速均匀、稳定,一般转动 1 min,待指针稳定后读数。测量过程中,如果指针指向"0"位,表示被测电动机内部短路,应立即停止转动手柄。

④测量完毕,待兆欧表停止转动和被测物接地放电后方能拆除连接导线。

⑤结果判断。绝缘电阻值不低于 0.5 MΩ 为合格。

说明:兆欧表的详细使用方法请阅读本书项目五的相关内容。

表 8-1　电动机绕组绝缘电阻的测定

相间绝缘	绝缘电阻(MΩ)	各相对地绝缘	绝缘电阻(MΩ)
U 相与 V 相		U 相对地	
V 相与 W 相		V 相对地	
W 相与 U 相		W 相对地	

(5)检查操作工位及平台上是否存在安全隐患(人为设置),并能排除所存在的安全隐患。

(6)按给定条件选配不同颜色的连接导线。

(7)按要求对控制电路安装接线。安装完毕,必须经过认真检查,以防止接线错误或漏接线引起线路动作不正常,甚至造成短路事故。

①核对接线。从电源端开始,逐段核对接线及接线端子处线号有无漏接、错接及控制回路中容易接错的线号,核对同一导线两端线号是否一致。

②检查端子接线是否牢固,以免通电试车时因导线虚接造成故障。

(8)通电前使用仪表检查线路,确保不存在安全隐患后再通电。

(9)通电试车的步骤。

①将电源引入配电板(注意不准带电引入)。

②合闸送电,检测电源是否有电(用试电笔测试)。

③按工作原理操作电路;不带电动机,检查控制电路的功能;接入电动机,检查主电路的功能,检查电动机运行是否正常。

(10)用指针式万用表检测电路中的电压,并会正确读数。

(11)操作完毕,对作业现场进行安全检查。

二、实训工器具准备

1.工具仪表器材

(1)实训工具仪表:改锥(螺丝刀)、试电笔、尖嘴钳、斜口钳、剥线钳、万用表等。

(2)实训器材:小型三相异步电动机 1 台,配电板 1 块,按钮、交流接触器各 1 个,接线端子排 2 个,熔断器 5 个。

2.配电导线等

主电路配电导线为 BV 1.5 mm²,控制电路配电导线为 BV 1.0 mm²(主电路、控制电路导线用不同颜色来区分),以及其他辅助材料(号码管、绝缘胶带、螺钉等)。

三、实训内容

1.电路识图与分析训练

识读如图8-1所示电动机点动控制电路原理图,熟悉工作原理。

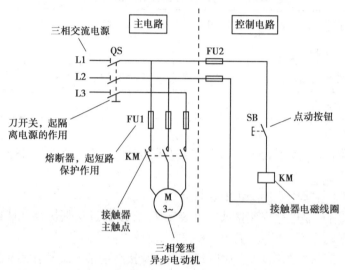

图 8-1　电动机点动控制电路原理图

电动机点动控制电路工作原理如下。

(1)先合上电源开关 QS。

(2)启动,流程如图8-2所示。

图 8-2　启动流程图

(3)停止,流程如图8-3所示。

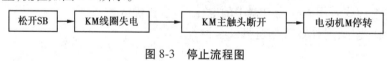

图 8-3　停止流程图

2.元器件准备检查训练

依据电路原理图,明确所用电气元件的型号、参数及使用方法。电动机点动控制电路所需元器件清单见表8-2。

表 8-2　电动机点动控制电路所需元器件清单

元器件名称	元件代号	型号	数量	清点与检测结果
低压断路器	QS	QT47-63C16	1	

续表

元器件名称	元件代号	型号	数量	清点与检测结果
热继电器	FR	JR36-20	1	
交流接触器	KM	CJ10-20	1	
按钮	SB	LA4-3H	1	
端子排	XT1	TB-1510	1	
端子排	XT2	TB-1520	1	
配电板	—	网孔板或木板	1	
熔断器	FU1	RL1-60/25	3	
熔断器	FU2	RL1-15/2	2	
三相电动机	M	WDJ26	1	

3.电路设计训练

电动机点动控制电路元件布置及接线图如图 8-4 所示。元件布置要求如下：

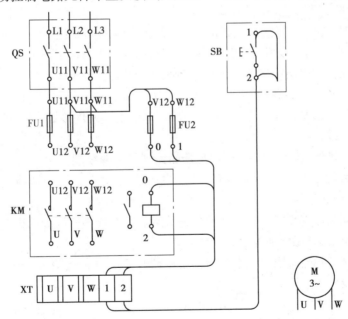

图 8-4　电动机点动控制元件在面板布置及接线图

（1）低压断路器、熔断器的受电端子应该安装在控制板的外侧,并使熔断器的受电端为底座的中心端。

（2）各个元件的安装位置应该整齐、匀称、间距合理,便于元器件的更换。

（3）正确选择按钮。一般来说，绿色为启动按钮，红色为停止按钮，黑色为点动按钮。

4.电路安装训练

电气元件在安装与固定之前必须先对电气元件进行一般性的检测，对于新的电气元件可检查其外表是否完好，动作是否灵活，其参数是否与被控对象相符等。在确认电气元件完好后再进入安装与固定工序。

在电路安装前应检查电气元件质量。其方法是在不通电的情况下，用万用表电阻挡检查各触点的分、合情况是否良好。检查接触器时，应拆卸灭弧罩，用手同时按下 3 副主触点并用力均匀。同时，应检查接触器线圈电压与电源电压是否相符。

（1）划线定位。将安装面板置于平台上，把板上需安装的元器件按图 8-4 设计排列的位置、间隔、尺寸摆放在面板上，用划针进行划线定位，即划出底座的轮廓和安装螺孔的位置。

（2）固定元器件。元器件所用的固定螺钉一般略小于元器件上的固定孔。如安装面板为绝缘板，则钻的孔径略大于固定螺钉的直径，用螺母加垫圈固定。

（3）导线下线。下线前要先准备好端子号管，成品端子号管常用的为 FH1 和 PGH 系列。使用时用剪刀剪下，一对一对使用。目前端子号管也可用记号笔在白色塑料套管上直接书写。

按安装接线图中导线的实际走向长度下线，再将端子号管分别套在下好线的一根导线两端，并将导线打弯，防止端子号管落下。

（4）控制电路布线与接线。接线时，可以先接主电路，后接控制电路；也可以先接控制电路，后接主电路。一般来说，按安装接线图从面板左上方的电气元件开始接线。并注意随时将相近元件的引出线按所去方向整理成束，遇到引出导线的另一端电气元件的接线端可随时整理妥当并接好（也可以整理好后暂不接，留待最后接），将连至端子板的导线接到端子板相应编号的端子上，如此直到所用到的电气元件接线端接完为止。

控制电路布线：

①连接端子排的 L1、L2、L3 端子与低压断路器的电源线端。

②连接断路器的负载端与熔断器 FU1 的电源线端，并在 FU1 电源线端的 L2、L3 相引出至控制电路电源（连接 L2、L3 相与熔断器 FU2 的电源线端）。

③连接点动按钮与交流接触器线圈的进线端。交流接触器线圈的进线端和出线端可以根据布线情况来定，无特别规定。

④连接交流接触器线圈出线端与另一个熔断器 FU2 的负载端。

主电路布线：

主电路导线采用黄、绿、红三种颜色的单芯铜芯线。

①连接熔断器 FU1 的负载端与接触器 KM 的电源线端。

②连接接触器 KM 的负载端与端子排 U、V、W 端。

③连接三相异步电动机。端子排 U、V、W 端分别接电动机的 A、B、C 接线柱，再将电动机的 X、Y、Z 接线柱短接，三相绕组接为星形运行。

（5）连接三相交流电源的进线。

5.线路检测训练

安装完毕的配电盘必须经过认真检查之后,才允许通电试车,以防止错接、漏接造成不能正常运转或短路故障。一般检测方法如下。

(1)布线检测。检查导线连接的正确性。按电路图或接线图从电源端开始,逐段核对接线有无漏接、错接之处,检查导线接点是否符合要求,压接是否牢固。

(2)线路检测。用万用表电阻挡检查主电路和控制电路的接线情况。

断开主电路,将表笔分别搭在 U11、V11 线端上,读数应为"∞"。按下点动按钮 SB 时,万用表读数应为接触器线圈的直流电阻值(如 CJ10—10 线圈的直流电阻值约为 1 800 Ω);松开点动按钮 SB,万用表读数应为"∞"。然后断开控制电路,再检查主电路有无开路或短路现象,此时可用手动来代替按钮进行检查。

6.通电试车训练

通电试车由学生独立完成,教师引导。

通电试车准备:

①为保证人身安全,在通电试车时,要认真执行安全操作规程的有关规定,必须经教师检查并现场监护。

②通电试车之前要确保电动机和金属按钮外壳必须可靠接地。

③操作者具备标准的安全防护措施,如绝缘鞋、绝缘脚垫、绝缘手套等。

通电步骤:

①合上电源开关 QS,用电笔检查熔断器出线端,氖管亮说明电源接通。

②操作按钮之前,先用电笔测试按钮外壳是否带电。按下 SB,观察电动机运行是否正常。观察接触器情况是否正常,是否符合线路功能要求,观察电气元件动作是否灵活,有无卡阻及噪声过大现象,观察电动机运行是否正常。若有异常,立即停车检查。

③出现故障后,学生应独立进行检修。若需要带电进行检查,教师必须在现场监护。检修完毕后再次试车,也应有教师监护。

7.故障检测与排故训练

1)排故的一般步骤

(1)确认故障现象的发生,并分清本故障是电气故障还是机械故障。

(2)根据电气原理图,认真分析发生故障的可能原因,大概确定故障发生的可能部位或回路。

(3)通过一定的技术、方法、经验和技巧找出故障点。这是检修工作的难点和重点。由于电气控制电路结构复杂多变,故障形式多种多样,因此要快速、准确地找出故障点,要求操作人员既要学会灵活运用"看"(看是否有明显损坏或其他异常现象)、"听"(听是否有异常声音)、"闻"(闻是否有异味)、"摸"(摸是否发热)、"问"(询问故障产生时的现象)等检修经验。又要弄懂电路原理,掌握一套正确的检修方法和技巧。

2)排故常用分析方法

(1)试验法。试验法是在不损伤电气和机械设备的条件下,以通电试验来查找故障的一种方法。

（2）逻辑分析法。逻辑分析法是根据电气控制电路工作原理、控制环节的动作程序以及它们之间的联系,结合故障现象进行故障分析的一种方法。

（3）测量法。测量法是利用试电笔、万用表等工具对线路进行带电或断电测量的一种方法。在利用万用表欧姆挡检测电气元件及线路是否断路或短路时必须切断电源。同时,在测量时要特别注意是否有并联支路或其他电路对被测线路产生影响,以防误判。

3）常见故障及排故方法

电动机点动控制典型故障的排除,见表 8-3。

表 8-3　电动机点动控制典型故障的排除

故障现象	故障原因	排故方法
按下启动按钮 SB 后,低压断路器跳闸	交流接触器线圈烧坏导致短路	用万用表测量交流接触器线圈电阻,若阻值很小,则需要更换交流接触器线圈
	电动机绕组烧坏导致短路	用万用表欧姆挡测量电动机相间电阻,若其中两项的相间电阻很小,说明电动机绕组被烧坏,需要更换电动机
按下启动按钮 SB 后,交流接触器无反应	交流接触器线圈断路	用万用表欧姆挡测量交流接触器线圈电阻,若电阻为无穷大,则说明线圈断路,需要更换线圈
	按钮 SB 触点烧蚀或触头有污垢	更换按钮
按下启动按钮 SB 后,电机嗡嗡作响	低压断路器 QF 烧蚀不通电,造成缺相	更换低压断路器 QF
	交流接触器主触头有烧蚀,接触不良	更换交流接触器

4）模拟故障排除

人为设置故障后通电运行,先观察故障现象,进行排故训练,并记录在表 8-4 中。

表 8-4　电动机点动控制故障设置情况统计表

故障设置元件	故障点	故障现象
接触器主触点	U 相接线松脱	
点动按钮	线头接触不良	
FU2	其中一个熔断器熔断	
交流接触器	主触头短路	

【知识探究】

1.配电板线槽布线工艺要求

(1)布线时,严禁损伤导线的线芯和绝缘层。

(2)各电气元件接线端子引出导线的走向,以元件的水平中心线为界线。在水平中心线以上接线端子引出的导线必须进入元件上面的行线槽,在水平中心线以下接线端子引出的导线必须进入元件下面的行线槽。任何导线都不允许从水平方向进入行线槽内。

(3)各电气元件接线端子引出或引入的导线,除间距很小和元件机械强度很差允许直接架空敷设外,其他导线必须经过行线槽进行连接。

(4)进入行线槽内的导线要完全置于走线槽内,并应尽可能避免交叉,装线不要超过其容量的70%,以便于能盖上线槽盖板和以后的装配及维修。

(5)各电气元件与走线槽之间的外露导线应走线合理,并尽可能做到横平竖直变换走向要垂直。同一个元件上位置一致的端子和同型号电气元件中位置一致的端子上引出或引入的导线,要敷设在同一平面上,并应做到高低一致或前后一致,不得交叉。

(6)所有接线端子、导线线头上都应套有与电路图上相应接点线号一致的编码套管,并按线号进行连接。连接必须牢靠,不得松动。

(7)在任何情况下,接线端子必须与导线截面积和材料性质相适应。当接线端子不适合连接软线或较小截面积的软线时。可以在导线端头穿上针形或叉形轧头并压紧。

2.配电板明线布线工艺要求

(1)布线通道尽可能少,同路并行导线按主、控制电路分类集中,单层密排,紧贴安装面布线。

(2)同一平面的导线应该高低一致、前后一致。不能够交叉。非交叉不可的时候,该根导线应该在接线端子引出时,就水平架空跨越,但必须走线合理。

(3)布线应该横平竖直、分布均匀。变换走向时候应该垂直。

(4)布线时严禁损伤线芯和导线绝缘。

(5)布线一般以接触器为中心,由里向外,由低到高,先控制电路后主电路。

(6)每根导线两端应该有编码套管,导线中间应该没有接头。

(7)导线与接线端子连接时不应该有压绝缘皮,不反圈、不露铜过长。

(8)同一元件、同一回路的不同接点的导线间距应该保持一致。

(9)一个电气元件的接线端子上的连接导线不得多于两根,每节接线端子板上的连接导线一般只允许连接一根。

任务练习

一、填空题

1.安装螺旋式熔断器时,电源线应接在瓷底座的_____座上,负载线应接在螺纹壳的_____上接线座上。这样可保证更换熔管时,螺纹壳体不带电,保证操作者人身安全。

2.在电动机点动控制电路中,从电源到电动机的部分称为_____电路。点动按扭和接触器线圈部分电路称为_____电路。

3.在电动机点动控制电路中,若电动机发生短路时应该具有_____保护,此种保护由_____完成。

二、选择题

1.电动机点动控制电路中,应选用(　　　)作为点动按钮。

A.常开按钮　　　　　　　　　B.常闭按钮　　　　　　　　　C.复合按钮

2.电动机点动控制电路中,松开按钮 SB,此时电动机(　　　)。

A.得电　　　　　　　　　　　B.失电　　　　　　　　　　　C.状态不改变

三、分析题

查阅相关资料,分析如图 8-5 所示电动机几种点动控制电路的工作原理。

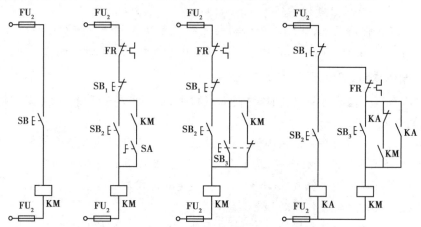

(a)基本的点动图　(b)带转换开关图　(c)点动和连续图　(d)利用中间继电器图

图 8-5　电动机几种点动控制电路

四、实训题

请按照如图 8-6 所示三相异步电动机直接启动控制电路原理图和接线图,完成控制电路的安装和调试。

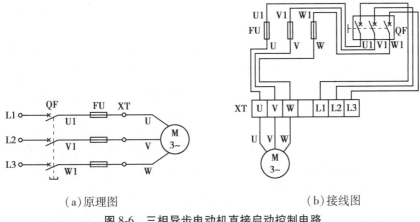

（a）原理图   （b）接线图

图 8-6 三相异步电动机直接启动控制电路

任务二   三相异步电动机自锁正转控制电路的装调测

【任务目标】

能正确分析三相异步电动机自锁正转控制电路的工作原理，并能正确选择控制电路的元器件。

能熟练地独立进行三相异步电动机自锁正转控制电路的器件安装、布线和通电试车。

能熟练地独立分析三相异步电动机自锁正转控制电路常见故障原因，并排除故障。

【任务实施】

一、任务概述

1.自锁的概念

自锁是指当启动按钮松开后，交流接触器通过自身辅助常开触头闭合使线圈保持得电的状态。自锁正转控制电路是用按钮、交流接触器来控制电动机运转的基础控制电路，是很多复杂控制电路的组成部分之一。三相异步电动机自锁正转控制电路在工业生产中应用最广泛，如数控车间用来磨车刀的砂轮机等场合。

2.三相异步电动机自锁正转控制电路装调测的操作要求

（1）掌握电工在操作前、操作过程中及操作后的安全措施。

（2）熟练规范地使用电工工具进行安全技术操作。

（3）会正确地使用电工常用仪表，并能读数。

（4）实操（考试）前，应做好准备工作，包括完好的电路板、各种颜色的绝缘导线、测量仪表及工具、电动机等,确保无任何安全隐患的存在,在教师同意后,才能进行训练(考试)。

关于本任务训练(考试)操作步骤的提示与任务一基本相同,这里不重复介绍。

二、实训工器具准备

1.工具仪表器材

(1)实训工具仪表:改锥(螺丝刀)、试电笔、尖嘴钳、斜口钳、剥线钳、万用表等。

(2)实训器材:小型三相异步电动机 1 台,配电板 1 块,按钮、交流接触器、热继电器各 1 个,接线端子排 2 个,熔断器 5 个。

2.配电导线等

主电路配电导线为 BV 1.5 mm²,控制电路配电导线为 BV 1.0 mm²(主电路、控制电路导线用不同颜色来区分),以及其他辅助材料(号码管、绝缘胶带、螺钉等)。

三、实训内容

1.电路识图与分析训练

识读如图 8-7 所示三相异步电动机自锁正转控制电路原理图,熟悉电路工作原理。

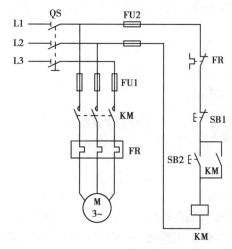

图 8-7　三相异步电动机自锁正转控制电路原理图

1)电路结构

(1)主电路:低压断路器 QS、热继电器 FR、交流接触器 KM 主触头、三相异步电动机 M。

(2)控制电路:启动按钮 SB2、总停按钮 SB1、交流接触器 KM 辅助常开触头、交流接触器的线圈 KM。

2）电路工作原理分析

（1）通电：闭合电源主开关 QS。

（2）启动：按下 SB2→接触器线圈 KM 得电吸合→接触器主触点 KM 吸合→三相电机 3M 通电运行。

（3）自锁：松开启动按钮 SB2→接触器线圈 KM 依靠辅助常开触点闭合供电→接触器主触点 KM 保持吸合状态三相电机 3M 正常运行。

（4）停止：按下停止按钮 SB1→接触器线圈 KM 断电→主触点和常开触点均断开→电动机 3M 停止运行。

（5）断电：断开电源 QS。

自锁控制电路实质上是在点动控制线路的启动按钮两端并联一个接触器的辅助动合触点（又称自锁触点），另串联一个动断停止按钮，从而实现自锁控制。自锁电路除了有长时间运行锁定功能，还可以实现欠压、失压保护功能。

（6）失压保护：为了保证在停电后无法重新自动供电启动避免危险，线路在断电后切断供电。

（7）欠压保护：通常当电源电压低于额定电压 85% 时，接触器线圈吸力不足自动断开，切断电源对电动点供电让电动机停止运行。

2.元器件准备检查训练

依据电路原理图，明确所用电气元件的型号、参数及使用方法。三相异步电动机自锁正转控制电路所需器件清单见表 8-5。

表 8-5　三相异步电动机自锁正转控制电路所需器件清单

元件名称	元件代号	型号	数量	清点与检测结果
低压断路器	QF	QT47-63C16	1	
热继电器	FR	JR36-20	1	
交流接触器	KM	CJ10-20	1	
按钮	SB1、SB2	LA4-3H	2	
端子排	XT1、XT2	TB-1510	2	
熔断器	FU1	RL1-60/25	3	
熔断器	FU2	RL1-15/2	2	
三相电动机	M	WDJ26	1	

3.电路设计训练

大家知道，电气"三图"的各自注重点是不一样的。电气原理图主要讲原理，电气接线图主要讲接线，电气布置安装图主要讲安装。设备安装阶段主要参考电气布置安装图、电气接线图；设备调试、维修阶段主要参考电气接线图和电气原理图。

电动机自锁正转控制电路元件布置图和接线图如图 8-8 所示。

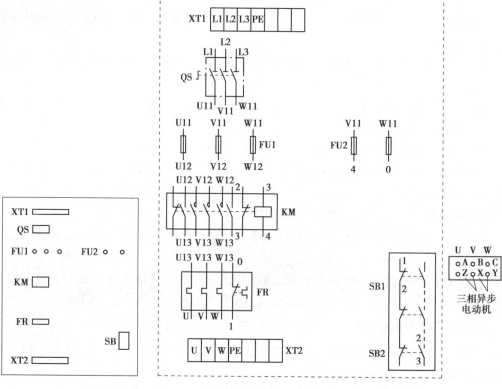

（a）元件布置图　　　　　　　　　　　　（b）接线图

图 8-8　电动机自锁正转控制元件布置图和接线图

1）绘制元件位置图

电气元件的布局,应根据便于阅读原则安排。主电路安排在图面左侧或上方,辅助电路安排在图面右侧或下方。无论主电路还是辅助电路,均按功能布置,尽可能按动作顺序从上到下,从左到右排列。绘制元件位置图时,一般应遵循以下原则。

（1）相同类型的电气元件布置时,应把体积较大和较重的元件安装在控制柜或面板的下方。

（2）发热的元器件应该安装在控制柜或面板的上方或后方,但热继电器一般安装在接触器的下面,以方便与电动机和接触器的连接。

（3）需要经常维护、整定和检修的电气元件、操作开关、监视仪器仪表,其安装位置应高低适宜,以便工作人员操作。

（4）强电、弱电应该分开走线,注意屏蔽层的连接,防止干扰的窜入。

（5）电气元件的布置应考虑安装间隙,并尽可能做到整齐、美观。元器件左右以及上下间距应在 15~25 mm。

根据上述原则绘制的电动机自锁正转控制元件布置图如图 8-8（a）所示。

2)绘制接线图

绘制接线图时,一般应遵循以下原则。

(1)所有电器的可动部分均按没有通电或没有外力作用时的状态画出。

(2)对于继电器、接触器的触点,按其线圈不通电时的状态画出,控制器按手柄处于零位时的状态画出;对于按钮、行程开关等触点按未受外力作用时的状态画出。尽量减少线条和避免线条交叉。各导线之间有电联系时,在导线交点处画实心圆点。

(3)接线图中所有电气元件的图形符号、文字符号和各接线端子的编号必须与电气控制原理图中的一致,且符合国标规定。根据图面布置需要,可以将图形符号旋转绘制,一般逆时针方向旋转90°,但文字符号不可倒。即在原理图中相应的线圈的下方给出触点的图形符号,并在下面标注。

(4)电气元件之间的接线可直接连接,也可采用单线表示法绘制,实含几根线可从电气元件上标注的接线回路标号数看出来。当电气元件数量较多和接线较复杂时,也可不画各元件间的连线,但是在各元件的接线端子回路标号处应标注另一元件的文字符号,以便识别,方便接线。

根据上述原则绘制的电动机自锁正转控制接线图如图8-8(b)所示。

4.电路安装训练

电气元件在安装与固定之前必须先对电气元件进行一般性的检测,对于新的电气元件可检查其外表是否完好,动作是否灵活,其参数是否与被控对象相符等。在确认电气元件完好后再进入安装与固定工序。

1)划线定位

将安装面板置于平台上,把板上需安装的电气元件按图8-2设计排列的位置、间隔、尺寸摆放在面板上,用划针进行划线定位,即划出底座的轮廓和安装螺孔的位置。

2)固定元器件

电气元件所用的固定螺钉一般略小于电气元件上的固定孔。如安装面板为绝缘板,则钻的孔径略大于固定螺钉的直径,用螺母加垫圈固定。

3)走线槽安装

走线槽的安装具体要求如下:

(1)横线槽的固定。选取合适规格和长度的横线槽,如果没有合适长度要用专用设备或工具截取,截取长度应根据实际安装情况调整。线槽的切口要整齐,不能有裂口和毛刺,并用2~3个螺钉固定在配电板上。

(2)竖线槽和横线槽的布局。要求竖线槽和横线槽要在一个平面内布局,尽量形成一个闭环,如图8-9所示。

盖好槽盖后,横、竖线槽接缝间隙一般不能大于3 mm,横线槽应居中安装,以保证左右缝隙一致;上下位置对应的横线槽和竖线槽间隙要统一。

图 8-9　竖线槽和横线槽的布局与槽间隙

4）端子排安装

图 8-10　端子排的编号标记

（1）端子排安装前,应先将组合好的端子排贴上标记条,然后再安装到配电板上的规定位置。

（2）组合好的端子从第一个连锁孔开始依次按图纸单位进行排列,并依次安装编号标记条,编号标记条安装应按如下原则:编号顺序按从上到下递增,并一一对应,如图 8-10 所示。

（3）安装编号标记时,应保证编号不脱落、不滑动。编号标记条要求装正,不允许扭斜。若遇到"6 和 9"或"16 和 91"这类倒顺都能读数的号码时,必须做记号加以区别,以免造成线号混淆。

（4）端子排安装时,如附近有走线槽,端子排与走线槽要有一定距离,两者相距最小不能小于 30 mm,以便于后期的配线操作。

（5）如果需要安装横端子排,横端子排应安装在机柜下部的最外层,并保证距屏底板高度不小于 350 mm,以方便用户接线。如果同时安装两排横端子排,应保证两排之间的距离大于 100 mm。

5）导线下线

下线前要先准备好端子号管,成品端子号管常用的为 FH1 和 PGH 系列。使用时用剪刀剪下,一对一对使用。端子号管也可用记号笔在白色塑料套管上直接书写。

按安装接线图中导线的实际走向长度下线,再将端子号管分别套在下好线的一根导线两端,并将导线打弯,防止端子号管落下。

6）控制电路布线与接线

接线时,可以先接主电路,后接控制电路;也可以先接控制电路,后接主电路。以不妨碍后续布线为原则。布线时严禁损伤线芯和导线绝缘层。

一般来说,按安装接线图从面板左上方的电气元件开始接线。并注意随时将相近元件的引出线按所去方向整理成束,遇到引出导线的另一端电气元件的接线端可随时整理妥当并接好(也可以整理好后暂不接,留待最后接),将连至端子板的导线接到端子板相应编号的端子上,如此直到所用到的电气元件接线端接完为止。

(1)控制电路布线。控制电路采用红色单芯铜芯线。

①连接端子排的 L1、L2、L3 端子与低压断路器的电源线端。

知识窗

　　电气元件的进线端称为电源线端,出线端称为负载端。电气元件接线端子的压线技巧如下。

　　交流接触器、断路器、热继电器等电气元件的压线端子多为瓦型垫圈。压接线时,导线线芯一般弯曲成 U 形进行压接,训练时导线线芯一般不弯曲而直接压接,方法如下:剥出 10 mm 左右的线芯,直接塞入瓦型垫圈下,旋紧固定螺钉即可,线芯压接长度以不压住绝缘层为准。

　　熔断器的压线端子为平垫圈,压接线需要将线芯弯成一个大半圆形,套入垫圈后,再用尖嘴钳等工具将线芯的半圆开口夹成闭合的套圈,然后将固定螺钉旋紧。

---

　　②连接断路器的负载端与熔断器 FU1 的电源线端,并在 FU1 电源线端的 L2、L3 相引出至控制电路电源(连接 L2、L3 相与熔断器 FU2 的电源线端)。

　　③连接 FU2 的负载端与热继电器 FR 的动断触点。

　　热继电器的动断触点一般为 95、96,动合触点一般为 97、98。也有的热继电器的动断触点为 95、96,动合触点为 95、97。

　　④连接热继电器 FR 的动断触点 95 与停止按钮 SB1 的常闭触点。

　　本次实训使用的按钮为 3 位按钮,每一位按钮的一组对角为常开按钮,另一组对角为常闭按钮。

　　⑤连接停止按钮 SB1 的常闭触点与启动按钮 SB2 的常开触点。

　　⑥连接启动按钮 SB2 的常开触点与交流接触器线圈的进线端。交流接触器线圈的进线端和出线端可以根据布线情况来定,无特别规定。

　　⑦连接交流接触器线圈出线端与另一个熔断器 FU2 的负载端。

　　⑧将接触器的一对动合辅助触点用导线与启动按钮 SB2 的常开触点并联,实现自锁。

　　⑨将按钮与接线盒固定。

　　(2)主电路布线。主电路导线采用黄、绿、红三种颜色的单芯铜芯线。

　　①连接熔断器 FU1 的负载端与接触器 KM 的电源线端。

　　②连接接触器 KM 的负载端与热继电器 FR 的电源线端。

　　③连接热继电器 FR 负载端与端子排 U、V、W 端。

　　④连接三相异步电动机。将端子排 U、V、W 端分别接电动机的 A、B、C 接线柱,再将电动机的 X、Y、Z 接线柱短接,三相绕组接为星形运行。

　　(3)连接电源、电动机等控制板外部的导线。

5.线路检测训练

安装完毕的配电盘必须经过认真检查之后,才允许通电试车,以防止错接、漏接造成不能正常运转或短路故障。一般检测方法如下。

1)布线检测

检查导线连接的正确性。按电路图或接线图从电源端开始,逐段核对接线有无漏接、错接之处,检查导线接点是否符合要求,压接是否牢固。

2)线路检测

用万用表进行检查线路通断情况时,应选用电阻挡的适当倍率,并进行校零,以防错漏短路故障。

（1）用万用表检测主电路。将万用表两表笔接在 FU1 输入端至电动机星形连接中性点之间,分别测量 U 相、V 相、W 相在接触器不动作时的电阻值,读数应为"∞";用改锥将接触器的触点系统按下(CJX 系列的交流接触器可以手动按下;CJ10 系列的交流接触器带有灭弧罩,不能手动闭合主触点,必要时可以将灭弧罩先拆卸掉,检测无误后再装回灭弧罩),再次测量三相线路的电阻值,读数应为电动机每相定子绕组的电阻,根据所测数据判断主电路是否正常。

（2）用万用表检测控制电路。将万用表两表笔分别搭在 FU2 两电源线端,读数应为"∞",然后按下启动按钮 SB2,读数应为接触器线圈的电阻值(CJ10-20 的线圈电阻值一般为 1.1 kΩ)。根据所测数据判断控制电路是否正常。

6.通电试车训练

通电试车由学生独立完成,教师引导。

1)通电试车的准备

（1）为保证人身安全,在通电试车时,要认真执行安全操作规程的有关规定,必须经教师检查并现场监护。

（2）确保电动机和按钮的金属外壳必须可靠接地。

（3）热继电器的整定电流应按照电动机的额定电流进行整定。

（4）操作者具备标准的安全防护措施,如绝缘鞋、绝缘脚垫、绝缘手套等。

2)通电试车步骤

（1）合上电源开关 QS,用电笔检查熔断器出线端,氖管亮说明电源接通。

（2）按下 SB2,电动机得电连续运转,观察电动机运行时应正常,若有异常现象应马上停车。

（3）出现故障后,学生应独立进行检修,若须带电进行检查,教师必须在现场监护。检修完毕后,如需要再次试车,也应有教师监护,并做好时间记录。

（4）按下 SB1,切断电源,断开断路器 QS。

（5）拆线时先拆除三相电源线,再拆除电动机线。

7.故障检测与排故训练

1)常见故障及排故方法

电动机自锁正转控制电路典型故障的排除见表8-6。

表 8-6 电动机自锁正转控制电路常见故障及排故方法

故障现象	故障原因	排故方法
按下启动按钮 SB1 后,低压断路器跳闸	交流接触器线圈烧坏导致短路	用万用表测量交流接触器线圈电阻,若阻值很小,则需要更换交流接触器线圈
	电动机绕组烧坏导致短路	用万用表欧姆挡测量电动机相间电阻,若其中两项的相间电阻很小,说明电动机绕组被烧坏,需要更换电动机
按下启动按钮 SB1 后,交流接触器无反应	交流接触器线圈断路	用万用表欧姆挡测量交流接触器线圈电阻,若电阻为无穷大,则说明线圈断路,需要更换线圈
	按钮 SB 触点烧蚀或触头有污垢	更换按钮
按下启动按钮 SB1 后,电机嗡嗡作响	低压断路器 QF 烧蚀不通电,造成缺相	更换低压断路器 QF
	交流接触器主触头有烧蚀,接触不良	更换交流接触器
按下停止按钮 SB2,电机仍然运转	SB2 触点熔焊或 SB2 常闭触点连接导线短接	更换按钮

2)模拟故障排除

人为设置故障后通电运行,先观察故障现象,进行排故训练,并记录在表 8-7 中。

表 8-7 自锁正转控制电路故障设置情况统计表

故障设置元件	故障点	故障现象
接触器主触点	U 相接线松脱	
接触器自锁触点	接线松脱	
停止按钮	线头接触不良	
热继电器动断触点	接线松脱	
启动按钮	两接线柱之间短路	

【知识拓展】

1.热继电器的整定方法

热继电器的额定动作电流等于电动机的额定电流。

2.断路器的选择依据

额定电流不小于电动机额定电流的 1.25~1.3 倍;断路器额定工作电压不小于线路额定电压。

3.线路绝缘电阻值

用兆欧表检查线路的绝缘电阻的阻值应小于 1 MΩ。

4.否定项

国家职业技能等级鉴定考试的评分标准规定:考试中出现以下情况之一的,该题记为零分。

（1）接线原理错误的。

（2）电路出现短路或损坏设备等故障。

（3）功能不能完全实现的。

（4）在操作过程中出现安全事故的。

5.自锁正转控制电路中的保护控制(见表 8-8)

表 8-8　自锁正转控制电路中的保护控制

序号	保护种类	保护原理	实现器件
1	短路保护	熔断器或自动断路器串入被保护的电路中,当电路发生短路或严重过载时,熔断器的熔体部分自动迅速熔断,自动断路器的过电流脱钩器脱开,从而切断电路,使导线和电气设备不受损坏	常用的短路保护电器是熔断器和自动空气断路器
2	过载保护	热继电器的线圈接在电动机的回路中,而触头接在控制回路中。当电动机过载时,长时间的发热使热继电器的线圈动作,从而触头动作,断开控制回路,使电动机脱离电网	常用的过载保护元件是热继电器
3	过流保护	当线路中故障电流达到电流继电器的动作值时,电流继电器动作按保护装置选择性的要求,有选择性地切断故障线路	过流保护常用电磁式过电流继电器实现
4	欠压保护	当电源电压降低时使机械设备停止运行,防止当故障消失后,在没有人工操作的情况下,设备自动启动运行而可能造成的机械或人身事故	实现欠压保护的电器是接触器和电磁式电压继电器
5	失压保护	当电源电压消失时使机械设备停止运行,防止当故障消失后,在没有人工操作的情况下,设备自动启动运行而可能造成的机械或人身事故	常用的失压保护电器是接触器和中间继电器

任务练习

1.在自锁正转控制电路里,如何同时实现电动机点动控制和自锁控制? 请以学习小组为单位把电路设计出来,并用元器件把你设计的电路安装出来。

2.什么是自锁? 判断如图 8-11 所示控制电路能否实现自锁,若不能,试分析原因。

3.若电路运行中发生过载现象将会影响电动机的使用寿命,如何才能实现电动机的过载保护? 请设计电路并实现功能。

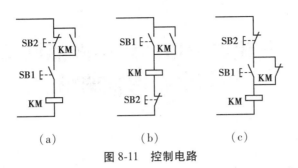

图 8-11 控制电路

4.如图 8-12 所示为某三相异步电动机单向点动、启动控制电路原理图和接线图,请完成该控制电路的安装和调试。

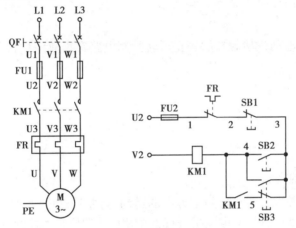

（a）原理图

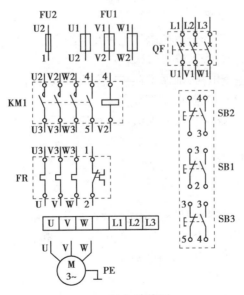

（b）接线图

图 8-12 某三相异步电动机电路

任务三 三相异步电动机接触器联锁正反转控制电路的装调测

【任务目标】

能正确分析三相异步电动机接触器联锁正反转控制电路的工作原理,并能正确选择该控制电路的元器件。

能独立进行三相异步电动机接触器联锁正反转控制电路的器件安装、布线和通电试车。

能对三相异步电动机接触器联锁正反转控制电路常见故障进行分析,并能排除常见典型故障。

【任务实施】

一、任务概述

1.正反转电路的概念

许多机械设备要求实现正反两个方向的运动,需要拖动电动机能够正转与反转。电动机正反转电路是指能直接对电动机进行正转及反转和停止的控制电路。这是应用最为广泛的一种三相异步电动机控制电路。

2.本任务的训练(考试)要求

(1)按给定电气原理图,选择合适的电气元件及绝缘电线进行接线。

(2)按要求对电动机进行正反转运行接线。

(3)通电前使用仪表检查电路,确保不存在安全隐患以后再上电。

(4)电动机运行良好,各项控制功能正常实现。

关于本任务训练(考试)操作步骤的提示与本章任务一基本相同,这里不重复介绍。

二、实训工器具准备

1.工具仪表器材

(1)实训工具仪表:改锥(螺丝刀)、试电笔、尖嘴钳、斜口钳、剥线钳、万用表等。

(2)实训器材:小型三相异步电动机 1 台,配电板 1 块,按钮、热继电器、组合开关各 1 个,交流接触器 2 个、接线端子排 2 个,熔断器 5 个。

2.配电导线等

主电路配电导线为 BV 1.5 mm²,控制电路配电导线为 BV 1.0 mm²(主电路、控制电路导线用不同颜色来区分),以及其他辅助材料(号码管、绝缘胶带、螺钉等)。

三、实训内容

1.电路识图与分析训练

三相异步电动机接触器联锁正反转控制电路如图 8-13 所示。

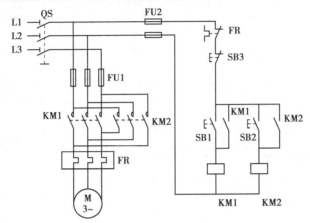

图 8-13 三相异步电动机接触器联锁正反转控制电路

图 8-13 电路中采用了 2 个接触器,即正转接触器 KM1 和反转接触器 KM2,它们分别由正转按钮 SB1 和反转按钮 SB2 控制。这两个接触器的主触头所接通的电源相序不同,KM1 按 L1—L2—L3 相序接线,KM2 则对调了两相的相序。其控制电路有两条:一条由按钮 SB1 和 KM1 线圈等组成的正转控制电路;另一条由按钮 SB2 和 KM2 线圈等组成的反转控制电路。

1)电路结构

主电路:低压断路器 QS、热继电器 FR、交流接触器 KM1 主触头、交流接触器 KM2 主触头、熔断器 FU1、三相异步电动机 M。

控制电路:正转启动按钮 SB1、反转启动按钮 SB2、总停按钮 SB3、交流接触器 KM1 和 KM2 辅助常开触头、交流接触器 KM1 和 KM2 辅助常闭触头、交流接触器的线圈 KM1、KM2 线圈、熔断器 FU2、热继电器 FR。

2)控制原理

按下启动按钮 SB1,接触器 KM1 线圈通电,与 SB1 并联的 KM1 的辅助常开触点闭合自锁,以保证 KM1 线圈持续通电,串联在电动机回路中的 KM1 的主触点持续闭合,电动机连续正向运转,与 KM2 线圈串联的 KM1 的辅助常闭触点断开互锁,以保证 KM2 线圈不会得电。

反转启动过程与上述过程相似,只是接触器 KM2 动作后,调换了两根电源线 U、W 相(即改变电源相序),从而达到反转目的。

3)互锁原理

接触器 KM1 和 KM2 的主触头绝不允许同时闭合,否则会造成两相电源短路事故。为了保证一个接触器得电动作时,另一个接触器不能得电动作,以避免电源的相间短路,就在正转控制电路中串接了反转接触器 KM2 的常闭辅助触头,而在反转控制电路中串接了正转接触器 KM1 的常闭辅助触头。当接触器 KM1 得电动作时,串在反转控制电路中的 KM1 的常闭触头分断,切断了反转控制电路,保证 KM1 主触头闭合时 KM2 的主触头不能闭合。同样,当接触器 KM2 得电动作时,KM2 的常闭触头分断,切断正转控制电路,避免两相电源短路事故的发生。主电路调相接线如图 8-14 所示。

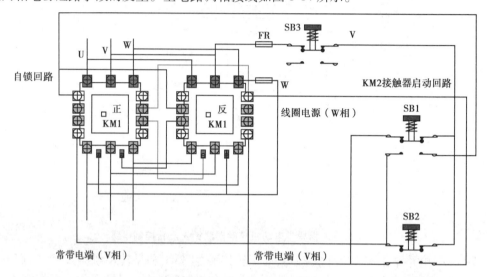

图 8-14　主电路调相接线

这种在一个接触器得电动作时,通过其常闭辅助触头使另一个接触器不能得电动作的作用叫联锁(或互锁)。实现联锁作用的常闭触头称为联锁触头(或互锁触头)。

接触器互锁或联锁是保证电路可靠性和安全性而采取的重要措施,在控制电路中,当几个线圈不允许同时通电时,这些线圈之间必须进行触点互锁,否则,电路可能会因为误操作或触点熔焊等原因而引发更大事故。

2.元器件准备检查训练

依据电路原理图,明确所用电气元件的型号、参数及使用方法。三相异步电动机接触器联锁正反转控制电路所需器件清单见表 8-9。

表 8-9　接触器联锁正反转控制电路所需器件清单

元件名称	元件代号	型号	数量	清点与检测结果
电源开关	QS	HZ10-25/3	1	
热继电器	KH	JR36-20	1	
交流接触器	KM1、KM2	CJ10-20	2	
按钮	SB1、SB2、SB3	LA4-3H	3	
端子排	XT1、XT2	TB-1510	2	
熔断器	FU1	RL1-60/25	3	

续表

元件名称	元件代号	型号	数量	清点与检测结果
熔断器	FU2	RL1-15/2	2	
电动机	M	WDJ26	1	

3.电路设计训练

电路设计的原则及基本思路详见本章任务二的相关叙述。接触器联锁正反转控制电路元件布置图和接线图如图 8-15 所示。

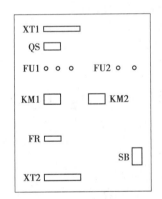

（a）元件布置图

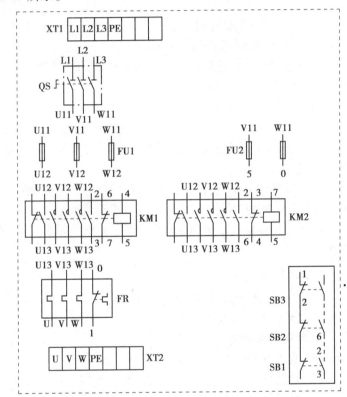

（b）接线图

图 8-15　接触器联锁正反转控制电路元件布置图和接线图

4.电路安装训练

电气元件在安装与固定之前必须先对电气元件进行一般性的检测,对于新的电气元件可检查其外表是否完好,动作是否灵活,其参数是否与被控对象相符等。在确认电气元件完好后再进入安装与固定工序。

1）控制电路布线与接线

请大家参照电动机自锁正转控制电路布线的工艺要求进行接触器联锁正反转控制电路的布线。控制电路采用红色单芯铜芯线。

（1）完成三相电源到 FU1 电源线端的连接，FU1 电源线端的 L2、L3 到 FU2 电源线端的连接。

（2）连接 FU2 的负载线端到 FR 的 95 端。

（3）连接 FR 的 96 端到 SB3 停止按钮常闭的上端触点。

（4）连接 SB3 停止按钮常闭的下端触点到 SB1、SB2 常开的上端触点。

（5）连接 SB1 常开的下端触点到 KM2 常闭辅助的上端触点。

（6）连接 KM2 常闭辅助的下端触点到 KM1 线圈的进线端。

（7）连接 KM1 线圈的出线端到 FU2 的负载线端。

（8）完成 SB1 常开与 KM1 常开辅助的并联，实现自锁。

（9）参照五、六、七、八步的布线，连接 SB2 常开的下端触点到 KM1 常闭辅助的上端触点，KM1 常闭辅助的下端触点到 KM2 线圈的进线端，KM2 线圈的出线端到 FU2 负载线端，SB2 常开与 KM2 常开辅助的并联。

与电动机自锁正转控制电路的布线相比，重点完成以下关键位置的布线：一是互锁与自锁位置的布线；二是控制电路的布线。

2）主电路布线与接线

主电路导线采用黄、绿、红三种颜色的单芯铜芯线。参照电动机自锁正转主电路布线的工艺要求，完成接触器联锁正反转主电路的布线。在电动机自锁正转主电路的布线基础上再增加以下布线。

交流接触器 KM1 吸合时三相电源不变相，交流接触器 KM1 吸合时三相电源的 U 相和 W 相互换，从而改变了三相交流异步电动机的电源相序，实现了电动机的反转。

接入三相异步电动机与三相电源线、地线，完成整个电气连锁正反转控制线路的布线装配。

5.线路检测训练

安装完毕的配电盘必须经过认真检查之后，才允许通电试车，以防止错接、漏接造成不能正常运转或短路故障。

1）自我检测评价主要内容

（1）低压电器在接入前是否进行性能检测。

（2）元器件的布局是否合理、安装是否正确。

（3）接线是否正确牢固，电气接触是否良好。

（4）布线是否合理，美观。

（5）检测、安装、调试的过程中工具、仪表的使用是否合理、正确。

（6）是否正确执行安全文明操作规程。

2）布线检测

检查导线连接的正确性。按电路图或接线图从电源端开始，逐段核对接线有无漏接、错接之处，检查导线接点是否符合要求，压接是否牢固。

3）线路检测

用万用表进行检查线路通断情况时，应选用电阻挡的适当倍率，并进行校零，以防错漏短路故障。线路检测的基本方法与任务二相同，这里换一个解读介绍检测方法，以便初学者加深印象。

（1）用万用表检测主电路。

首先取下 FU1,对主电路进行检查,将指针万用表置于 RX1 挡或数字表的 200 挡,将表笔放在 QS 下端的 U–V、U–W、V–W,分别按下 KM1 和 KM2,此时万用表的读数为电动机(电动机 Y 型接法)两绕组的串联电阻值,测三次(U–V,U–W,V–W)的电阻值应相等。如果测量结果符合上述要求,表明主电路接线正确,否则主电路线路有故障。

（2）用万用表检测控制电路。

先测量交流接触器的线圈电阻,将指针万用表置于 R×10 或 R×100 挡或数字万用表的 2kΩ 挡,表笔放在 FU2 的出线端,此时万用表的读数应为无穷大。然后按下启动按钮 SB1,读数应为接触器线圈的电阻值(CJ10–20 的线圈电阻值一般为 1.1 kΩ)。同样的方法按下 SB2,检测反转控制电路。同时按 SB1、SB2,读数应为 KM1 和 KM2 线圈的电阻的并联值。根据所测数据判断控制电路是否正常。

6.通电试车训练

检测无误后,征得指导教师同意,并由教师接通三相电源,开始通电试车,同时在现场监护。

1)通电试车前的准备

（1）电动机及按钮的金属外壳必须可靠接地。

（2）热继电器的整定电流应按电动机的额定电流进行整定。

（3）热继电器因电动机过载动作后,若要再次启动电动机,必须待热元件冷却后,才能按下复位按钮复位。

（4）操作者配备标准的安全防护措施,配备绝缘鞋、绝缘脚垫、绝缘手套等。

2)通电试车步骤

（1）合上电源开关 QS,用试电笔检查熔断器出线端,氖管亮说明电源接通。

（2）按下 SB1,电动机得电连续正转运转,观察电动机运行时正常,若有异常现象应立即停车。

（3）按下 SB3,电动机停止转动。

（4）按下 SB2,电动机得电连续反转运转,观察电动机运行时正常,若有异常现象应马上停车。

（5）出现故障后,学生应独立进行检修。若须带电进行检查,教师必须在现场监护。检修完毕后,如需再次试车,也应有教师监护,并做好时间记录。

（6）按下 SB1,切断电源,断开断路器 QS。

（7）拆线时先拆除三相电源线,再拆除电动机线。

7.故障检测与排故训练

1)常见故障及排故方法

接触器联锁正反转控制电路常见故障及排故方法见表8-10。

表 8-10　接触器联锁正反转控制电路常见故障及排故方法

故障现象	故障原因	排故方法
按下启动按钮 SB1 或 SB2 后,低压断路器跳闸	交流接触器线圈烧坏导致短路	用万用表测量交流接触器线圈电阻,若阻值很小,则需要更换交流接触器线圈
	电动机绕组烧坏导致短路	用万用表欧姆挡测量电动机相间电阻,若其中两项的相间电阻很小,说明电动机绕组被烧坏,需要更换电动机
按下启动按钮 SB1 或 SB2 后,交流接触器无反应	交流接触器线圈断路	用万用表欧姆挡测量交流接触器线圈电阻,若电阻为无穷大,则说明线圈断路,需要更换线圈
	按钮 SB 触点烧蚀或触头有污垢	更换按钮
按下启动按钮 SB1 或 SB2 后,电机嗡嗡作响	低压断路器 QF 烧蚀不通电,造成缺相	更换低压断路器 QF
	交流接触器主触头有烧蚀,接触不良	更换交流接触器
电动机正反转正常,KM1、KM2 线圈吸合,但电动机无法停止	SB3 触点熔焊或 SB3 常闭触点连接导线短接	更换按钮

2)模拟故障排除

人为设置故障后通电运行,先观察故障现象,按照排故的基本方法,进行排故训练,并记录在表 8-11 中。

表 8-11　接触器联锁正反转控制电路故障设置情况统计表

故障设置元件	故障点	故障现象
接触器主触点	W 相接线松脱	
接触器自锁触点	接线松脱	
停止按钮	线头接触不良	
热继电器动断触点	接线松脱	
启动按钮	两接线柱之间短路	

【知识拓展】

1.互锁

互锁的含义:将对方的常闭触头串联在自己线圈回路中,同一时间只能由一支接触器得电的控制方式称为互锁或连锁。

互锁的作用:互锁电路避免了两只接触器同时得电,从而防止了由于误操作造成的主回路两相短路事故的发生。

2.有互锁的三相异步电动机正反转控制电路

电机要实现正反转控制,将其电源的相序中任意两相对调即可(简称换相),通常是 V 相不变,将 U 相与 W 相对调,为了保证两个接触器动作时能够可靠调换电动机的相序,接线时应使接触器的上口接线保持一致,在接触器的下口调相。由于将两相相序对调,故须确保 2 个 KM 线圈不能同时得电,否则会发生严重的相间短路故障,因此必须采取联锁。

常用的互锁电路有接触器互锁电路、按钮互锁电路和接触器和按钮双重互锁电路,如图 8-16 所示。接触器联锁正反转控制线路虽工作安全可靠但操作不方便;而按钮联锁正反转控制线路虽操作方便但容易产生电源两相短路故障。双重联锁正反转控制线路则兼有两种联锁控制线路的优点,操作方便,工作安全可靠。

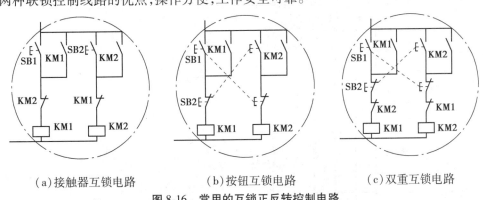

(a)接触器互锁电路　　　　(b)按钮互锁电路　　　　(c)双重互锁电路

图 8-16　常用的互锁正反转控制电路

为安全起见,常采用按钮联锁(机械)和接触器联锁(电气)的双重联锁正反转控制线路。使用了(机械)按钮联锁,即使同时按下正反转按钮,调相用的两接触器也不可能同时得电,机械上避免了相间短路。另外,由于应用的(电气)接触器间的联锁,所以只要其中一个接触器得电,其常闭触点(串接在对方线圈的控制线路中)就不会闭合,这样在机械、电气双重联锁的应用下,电机的供电系统不可能相间短路,有效地保护的电机,同时也避免在调相时相间短路造成事故,烧坏接触器。

任务练习

一、判断题

1.在接触器联锁正反转控制电路中,正、反转接触器有时可以同时闭合。　　　　　(　　)

2.为保证三相异步电动机实现反转,正、反转接触器的主触头必须按相同的相序并接后串接在主电路中。 （　　）

3.接触器联锁正反转控制电路的优点是工作安全可靠,操作方便。 （　　）

二、选择题

1.在接触器联锁的正反转控制电路中,其联锁触头应是对方接触器的（　　）。

A.主触头　　　　　　　　B.常开辅助触头　　　　　　C.常闭辅助触头

2.为了避免正反转接触器同时得电动作,三相异步电动机正反转控制电路采取了（　　）。

A.自锁控制　　　　　　　B.联锁控制　　　　　　　　C.位置控制

三、综合题

1.请分析如图 8-17 所示的三相笼式异步电动机的正反转控制电路。

（1）指出下面的电路中各电气元件的作用。

（2）根据电路的控制原理,找出主电路中的错误,并改正（用文字说明）。

（3）根据电路的控制原理,找出控制电路中的错误,并改正（用文字说明）。

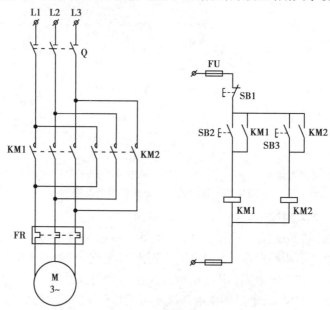

图 8-17　三相笼式异步电动机正反转控制电路

2.某同学安装的接触器联锁正反转控制电路,在通电试车时发现电动机能运行但只能正转或反转,是什么原因?

四、实训题

请按照如图 8-18 所示按钮联锁的三相异步电动机正反转控制电路原理图和接线图,

完成电路的安装与调试。

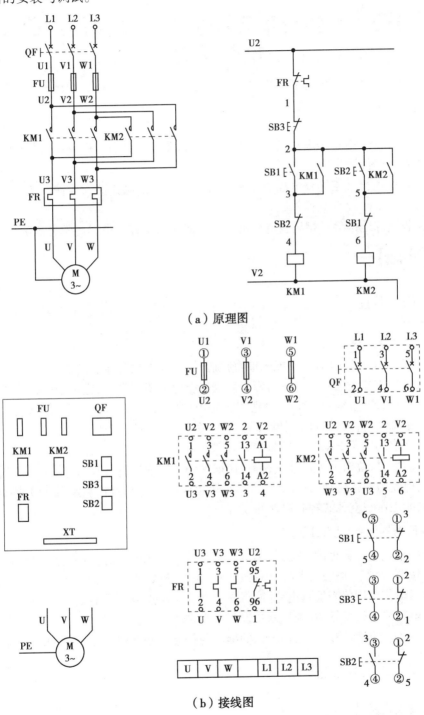

（a）原理图

（b）接线图

图 8-18 三相异步电动机正反转控制电路

任务四　三相异步电动机丫—△降压启动控制电路装调测

【任务目标】

能理解分析三相异步电动机丫—△降压启动控制电路的工作原理,并能正确选择该控制电路的元器件。

能熟练地进行三相异步电动机丫—△降压启动控制电路的元器件安装、布线和通电试车。

能比较熟练地排除三相异步电动机丫—△降压启动控制电路的常见故障。

【任务实施】

一、任务概述

1.丫—△启动概念

对于较大容量的电动机,不能采取直接启动,需要采用降压启动的方法。丫—△启动就是降压启动的方法之一。丫—△降压启动是指电动机启动时,把定子绕组接成丫形,以限制启动电流,待电动机启动后,再把定子绕组改成△形,使电动机全压运行。凡是在正常运行时定子绕组作△形接异步电动机,均可采用这种降压启动的方法。

丫—△启动用于电动机电压为 380 V/220 V,绕组接法相应为丫/△的较大容量电动机启动。启动时,绕组为丫形连接,待转速增加到一定程度后再改为△形连接。由于该方法的启动电流为直接启动时的 1/3,启动转矩也同时减小到直接启动的 1/3,因此这种启动方法只能工作在空载或轻载启动的场合。

2.本任务的训练(考试)要求

(1)按给定电气原理图,选择合适的电气元件及绝缘电线进行接线。

(2)按要求对电动机进行丫—△降压启动运行接线。

(3)通电前使用仪表检查电路,确保不存在安全隐患以后再上电。

(4)电动机运行良好,各项控制功能正常实现。

关于本任务训练(考试)操作步骤的提示与任务一基本相同,这里不重复介绍。

二、实训工器具准备

1.工具仪表器材

(1)实训工具仪表:改锥(螺丝刀)、试电笔、尖嘴钳、斜口钳、剥线钳、万用表等。

(2)实训器材:小型三相异步电动机 1 台,配电板 1 块,按钮、热继电器、时间继电器、组合开关各 1 个,交流接触器 3 个、接线端子排 2 个,熔断器 5 个。

2.配电导线等

主电路配电导线为 BV 1.5 mm^2,控制电路配电导线为 BV 1.0 mm^2(主电路、控制电路导线用不同颜色来区分),以及其他辅助材料(号码管、绝缘胶带、螺钉等)。

三、实训内容

1.电路识图与分析训练

1)电路结构

三相异步电动机丫—△降压启动控制线路如图 8-19 所示,电路元件及作用见表 8-12。

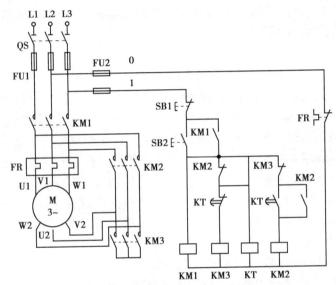

图 8-19　三相异步电动机丫—△降压启动控制电路

表 8-12　电路元器件及作用

元器件	名　称	元件作用
SB2	启动按钮	手动按钮开关,用于控制电动机的启动运行
SB1	停止按钮	手动按钮开关,用于控制电动机的停止运行
KM1	主交流接触器	电动机主运行回路用接触器,在启动时通过电动机启动电流,运行时通过正常运行的线电流
KM3	Y 形连接的交流接触器	用于电动机启动时作 Y 形连接的交流接触器,启动时通过 Y 形连接降压启动的线电流,启动结束后停止工作
KM2	△形连接的交流接触器	用于电动机启动结束后恢复△形连接作正常运行的接触器,通过绕组正常运行的相电流

续表

元器件	名　称	元件作用
KT	时间继电器	控制丫—△变换启动的启动过程时间（电机启动时间），即电动机从启动开始到额定转速及运行正常后所需的时间
FR	热继电器（或电机保护器）	热继电器主要在三相电动机的过负荷保护作用；电机保护器主有三相电动机的过负荷保护、断相保护、短路保护和平衡保护等作用

主电路：电源总开关 QS、热继电器 FR、交流接触器 KM1 主触头、交流接触器 KM3 主触头（星形启动）、KM2 主触头（三角形运行）、三相异步电动机 M。

控制电路：热继电器常闭触头、停止按钮 SB1、启动按钮 SB2，KM2 的辅助常开触头、KM2 辅助常闭触头、交流接触器线圈 KM3、KM2 辅助常开触头、KM3 辅助常闭触头、交流接触器线圈 KM2、时间继电器 KT。

2）控制原理

（1）按下启动按钮 SB2 后，电源通过热继电器 FR 的动断触点、停止按钮 SB1 的动断触点、△形连接交流接触器 KM2 常闭辅助触头，接通时间继电器 KT 的线圈使其动作并延时开始。此时间继电器 KT 已动作，触点本来应断开，但由于其延时触点是瞬间闭合延时断开（延时结束后断开），通过此 KT 延时触点去接通 Y 形连接的交流接触器 KM3 的线圈回路，则交流接触器 KM3 带电动作，其主触头去接通三相绕组，使电动机处于 Y 形连接的运行状态；KM3 辅助常开触头闭合去接通主交流接触器 KM1 的线圈。

（2）主交流接触器 KM1 带电启动后，其辅助触头进行自保持功能（自锁功能）；而 KM1 的主触头闭合去接通三相交流电源，此时电动机启动过程开始。

（3）当时间继电器 KT 延时断开触点（动断触点）的时间达到（或延时到）电动机启动过程结束时间后，时间继电器 KT 触点随即断开。

（4）时间继电器 KT 触点断开后，则交流接触器 KM3 失电。KM3 主触头切断电动机绕组的丫形连接回路，同时接触器 KM3 的常闭辅助触头闭合，去接通△形连接交流接触器 KM2 的线圈电源。

（5）当交流接触器 KM2 动作后，其主触头闭合，使电动机正常运行于△形连接状态。而 KM2 的常闭辅助触头断开，时间继电器 KT 线圈失电，并对交流接触器 KM3 联锁。电动机处于正常运行状态。

（6）启动过程结束后，电动机按△形连接正常运行。

时间继电器 KT 的作用是：用作控制丫形降压启动时间和完成丫—△自动切换。

2.元器件准备与检查训练

依据电路原理图，明确所用电气元件的型号、参数及使用方法。三相异步电动机丫—△降压启动控制电路所需器件清单见表8-13。

表 8-13 三相异步电动机丫—△降压启动控制电路所需器件清单

元件名称	元件代号	型号	数量	清点与检测结果
负荷开关或断路器	QS	HZ10-25/3	1	
热继电器	FR	JR36-20	1	
交流接触器	KM	CJ10-20	3	
按钮	SB	LA4-3H	2	
端子排	XT1	TB-1510	1	
端子排	XT2	TB-1520	1	
时间继电器	KT	JS7-2A	1	
三相异步电动机	M	Y2-132S-4	1	
熔断器	FU1	RL1—60/25	3	
熔断器	FU2	RL1—15/2	2	

3.电路设计训练

电路设计的原则及基本思路详见任务二的相关叙述。三相异步电动机丫—△降压启动控制电路元件布置图和接线图如图 8-20 所示。

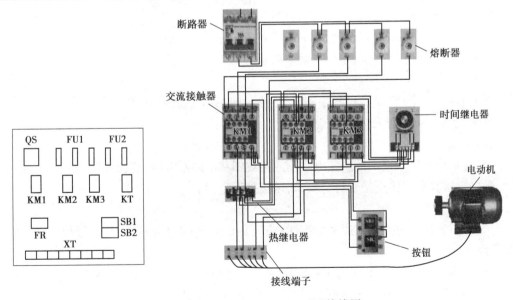

（a）元件布置图　　　　　　　　　　（b）接线图

图 8-20 三相异步电动机丫—△降压启动控制电路元件布置图和接线图

4.电路安装训练

电气元件在安装与固定之前必须先对电气元件进行一般性的检测,检查实训所用的元器件与电动机铭牌参数是否与实训内容要求相符,并利用所学知识核实所用各元器件的技术数据是否与电动机技术参数相匹配。在确认电气元件完好后再进入安装与固定工序。

(1)按照任务二介绍的电路布线工艺要求完成本电路的布线与接线。

(2)打开电动机接线盒,将电动机定子绕组的 6 个出线端连接片拆开。

用丫—△降压启动控制的电动机,必须有 6 个出线端且定子绕组在△接法时的额定电压等于电源线电压。接线时要保证电动机△形接法的正确性,即接触器 KM2 主触头闭合时,应保证定子绕组的 U1 与 W2、V1 与 U2、W1 与 V2 相连接。

接触器 KM3 的进线必须从三相定子绕组的末端引入,若误将其首端引入,则在 KM3 吸合时,会产生三相电源短路事故。

(3)时间继电器 KT 瞬时触头和延时触头的辨别,用万用表测量确认。调整好时间继电器的延时时间。若空载起动,由于电动机功率小,启动时间很短,延时时间调整到 1 ~ 3 s即可,若带负载起动,则延时时间根据负载大小适当延长。

5.线路检测训练

安装完毕的配电盘必须经过认真检查之后,才允许通电试车,以防止错接、漏接造成不能正常运转或短路故障。

1)自我检测评价主要内容

(1)低压电器在接入前是否进行性能检测。

(2)元器件的布局是否合理、安装是否正确。

(3)接线是否正确牢固,电气接触是否良好。

(4)布线是否合理,美观。

(5)检测、安装、调试的过程中工具、仪表的使用是否合理、正确。

(6)是否正确执行安全文明操作规程。

2)布线检测

检查导线连接的正确性。按电路图或接线图从电源端开始,逐段核对接线有无漏接、错接之处,检查导线接点是否符合要求,压接是否牢固。

3)线路检测

用万用表进行检查线路通断情况时,应选用电阻挡的适当倍率,并进行校零,以防错漏短路故障。

(1)主电路检测:万用表置于 R×100 挡,闭合 QS 开关。①按下 KM,表笔分别接在 L1—U1;L2—V1;L3—W1,这时表针右偏指零。②按下 KM3,表笔接在 W2—U2;U2—V2;V2—W2,这时表针也右偏指零。③按下 KM2,表笔分别接在 U1—W2;V1—U2;W1—V2,这时表针右偏指零。

(2)控制电路检测:万用表置于 R×100 或 R×1 K 挡,表笔分别置于熔断器 FU2 的 1

和 0 位置(测 KM1、KM3、KM2、KT 线圈阻值均为 2 kΩ)。①按下 SB1,表针右偏指为 1 kΩ 左右(接入线圈 KM3、KT),同时按下 KT 一段时间,指针微微左偏指为 2 kΩ(接入线圈 KT),同时按下 SB2 或者按下 KM△,指针左偏为∞。②按下 KM1,指针右偏指为 1 kΩ 左右(接入线圈 KM1、KM2),同时按下 SB2,指针左偏为∞。

6.通电试车训练

检测无误后,征得指导教师同意,并由教师接通三相电源,开始通电试车,同时在现场监护。

1)通电试车前的准备

(1)电动机及按钮的金属外壳必须可靠接地。

(2)热继电器的整定电流应按电动机的额定电流进行整定。

(3)热继电器因电动机过载动作后,若要再次启动电动机,必须待热元件冷却后,才能按下复位按钮复位。

(4)操作者配备标准的安全防护措施,配备绝缘鞋、绝缘脚垫、绝缘手套等。

2)通电试车步骤

(1)合上闸刀开关,接通电源。

(2)按下启动按钮 SB2,观察电动机降压启动过程,特别要注意电动机换接时的情况。同时,用钳形电流表测量启动瞬间的电流和换接瞬间的电流值。启动结束后,按下停止按钮 SB1,电动机停转。

(3)适当缩短时间继电器延时时间,重复(2)的内容。

7.故障检测与排故训练

1)常见故障及排故方法

电动机丫—△降压启动控制电路常见故障分析与排除见表 8-14。

表 8-14　电动机丫—△降压启动控制电路常见故障分析与排除

故障现象	故障原因	排故方法
闭合低压断路器后,按下启动按钮 SB2,交流接触器 KM 得电,时间继电器 KT 无动作	KMY 辅助常闭触头有烧蚀,导致接触不良	更换交流接触器 KMY
	时间继电器 KT 电源端子接入错误	更改时间继电器 KT 线圈电源接入端子
	时间继电器 KT 线圈损坏	更换时间继电器 KT
时间继电器 KT 延时时间到,KM3 线圈未能断电	时间继电器 KT 的常闭触点故障	更换时间继电器 KT
时间继电器 KT 延时时间到,KM2 线圈未能上电	时间继电器 KT 的常开触点接触不良	更换时间继电器 KT

续表

故障现象	故障原因	排故方法
闭合低压断路器后,按下启动按钮SB2,没有动作	电源线没连接正确	用验电笔检查电源,确保正确连接
	启动按钮SB2接触不良	更换启动按钮SB2
	热继电器过载后未复位,常闭触点断开	使热继电器复位,让常闭触点恢复到闭合状态
	交流接触器KM线圈损坏	更换交流接触器KM
	交流接触器KM3线圈损坏	更换交流接触器KM3
按下启动按钮SB2,电动机运行,松开SB2,电动机停止	交流接触器KM辅助常开触点有烧蚀,导致接触不良	更换交流接触器KM
按下启动按钮SB2,交流接触器有动作,但是电动机不运行	交流接触器KM主触头有烧蚀,导致接触不良	更换交流接触器KM
	交流接触器KM3线圈损坏,导致KMY未吸合	更换交流接触器KMY
	交流接触器KM2常闭触点有烧蚀,导致接触不良	更换交流接触器KM△

2)模拟故障排除

人为分别设置以下故障后通电运行,先观察故障现象,按照排故的基本方法,进行排故训练。

(1)主电路中,KM2、KM3的主触头接错。

(2)时间继电器的时间整定值不对。

(3)控制电路中,KM1的自锁触头接错。

(4)控制电路中,KM3的常闭触头接错。

(5)控制电路中,时间继电器的触头接错。

【知识拓展】

1.电动机手动星三角降压启动器

星三角降压启动电路是继电器控制系统中比较经典的一个电路,下面介绍电动机手动星三角降压启动器,其外形、接线原理图和触点闭合表如图8-21所示。启动器的手柄有 Y(启动)、△(运行)和0(停机)3个位置。当定子绕组三个出线端U2、V2、W2连在一起,U1、V1、W1接三相电源时为Y接。当U1、W2相连,V1、U2相连,W1、V2相连,这样接三相电源时为△接。启动时,将手柄扳到Y位置,图中触点1、2、5、6、8闭合,电动机定子绕组星形联结启动。起动完毕后,将手柄扳到三角形联结位置,图中触点5、6断开而1、2、3、4、7、8闭合,电动机定子绕组三角形联结全压运行。要停机时,将起动器手柄扳回0位置,全部触点断开,电动机停机。手动星三角启动器不带任何保护,所以要与低压断路器、熔断器等配合使用。其产品有QX1和QX2两个系列。

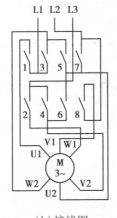

触点标号	手柄位置		
	起动 Y	停止 0	运行 △
1	×		×
2	×		×
3			×
4			×
5	×		
6	×		
7			×
8	×		×

注：×为接通

（a）外形图　　　　　（b）接线图　　　　　（c）触点闭合表

图 8-21　电动机手动星三角降压启动器

电动机手动星三角降压启动器的电路原理图如图 8-22 所示。该电路中，SB2 为星形降压启动按钮，SB3 为三角形全压运行按钮，SB1 为停止按钮。

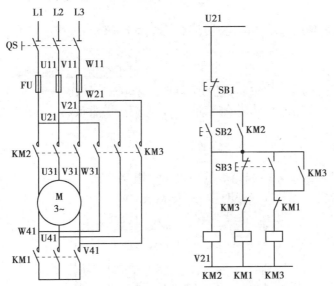

图 8-22　电动机手动星三角降压启动器的电路原理图

电路工作原理为：按下 SB2→KM2 线圈有电→KM2 辅助动合触点闭合（自锁）→ KM2 主触点闭合（接通电源），KM1 线圈有电→KM1 主触点闭合→电动机星形联结启动。经过一定时间后，按下 SB3→KM1 线圈断电→KM1 主触点断开，KM3 线圈有电→KM3 辅助动合触点闭合（自锁）→KM3 主触点闭合→电动机三角形联结运行。

手动控制星三角降压启动器具有结构简单、操作方便、价格低等优点，当电动机容量较小时，应优先考虑采用。

2.时间继电器的结构调整和时间整定

（1）结构调整：时间继电器分为通电延时与断电延时两种，只要将固定电磁系统的螺丝松下,将电磁系统转动180°,结构形式就发生了改变。三相异步电动机丫—△降压启动控制电路一般使用通电延时结构。

(2)时间整定:调整固定电磁系统的螺丝前后的距离和调节时间调整选钮,注意箭头的方向。对于小负载,时间可以设得短一点(5~8 s),大负载则需要设置得长一点(8~15 s)。注意,时间不能设置太短,起不到丫—△启动时降低启动电流的目的。当然,时间也不能太长,否则会把电机烧毁。

电动机星角启动转换时间经验公式:2倍的电动机容量的平方根加4,单位是秒。

任务练习

一、简答题

什么是星三角形降压启动? 此种启动在启动时启动电压、启动电流及启动转矩和正常运转时有何不同?

二、选择题

1.采用星三角降压起动的电动机,正常工作时定子绕组接成(   )。

A.三角形 　　　　　　　　　　　　　　B.星形

C.星形或三角形 　　　　　　　　　　　D.定子绕组中间带抽头

2. 50 kW 以上的笼型电动机,进行启动时应采取(   )。

A.全压启动 　　　　B.减压器启动 　　　　C.刀开关直接启动 　　D.接触器直接启动

三、实训题

请按照如图 8-23 所示三相异步电动机串电阻降压启动手动控制电路原理图和接线图,完成电路的安装和调试。(说明:R 为 75 Ω/75 W)

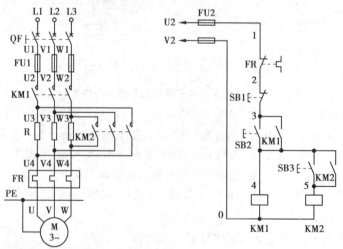

(a)原理图

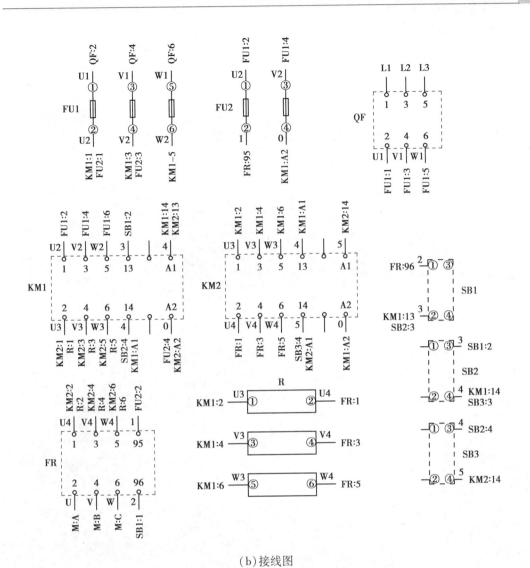

（b）接线图

图 8-23 三相异步电动机串电阻降压启动手动控制电路

项目九

技能考试模拟试题

【项目导读】

　　职教高考专业技能考试是一种新型的高考形式，旨在考查学生在职业教育和培训中所学习的专业技能。其考试内容包括理论知识和实践技能，考试形式有笔试和实践考试。笔试部分主要考查学生对专业理论知识的掌握情况，实践考试部分主要考查学生在实践操作中的技能水平。

技能考试模拟试题卷一

本试卷满分 250 分,考试时间为 50 分钟

一、使用常用电工仪表测试基本的电气参数(30 分)

使用万用表测量考试现场指定元件和模块的阻值:

1.＿＿＿＿＿＿＿　2.＿＿＿＿＿＿＿　3.＿＿＿＿＿＿＿

二、三相异步电动机控制线路的安装与调试(220 分)

任务要求:

(1)根据原理图选择相应的电气元件进行定位安装。

(2)根据原理图正确标识线号。

(3)对多股铜芯导线压接冷压针或冷压叉。

(4)根据原理图的控制线路部分连接线路,导线进入线槽。

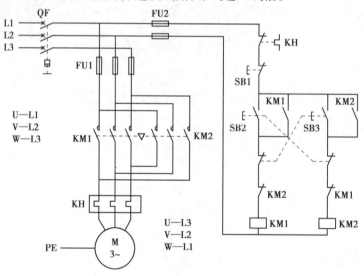

原理图

三、评分标准

电气控制线路安装评分表

序号	项目	配分		考核内容及评分标准	扣分	备注
一	电气控制线路安装接线	100分	1	考前检查过程中,经认定人为损坏或遗失元器件,每件扣2分		
			2	考前未仔细检查选用元件,在考试过程中申请更换的,每件扣2分		
			3	电气元件布局不合理、安装不正确、安装松动每处扣2分		
			4	考试过程中,因安装不当造成元件损坏的,每件扣5分		
			5	凡变更、简化电气控制线路的安装接线,每处扣5分		
			6	对多股铜芯导线未使用冷压针或冷压叉,冷压针或冷压叉使用不规范,每处扣1分		
			7	导线未安装紧固,每处扣1分		
			8	导线未进入线槽,每处扣1分		
			9	线槽外导线有交叉处,每处扣1分		
			10	线槽盖板未安装好,每处扣1分		
			11	按钮控制线长短不一,扣2分		
二	通电试车	100分	1	试车前对线路及电器进行检测,经允许,可紧固连线但不能更改接线,属元件问题经认定人为损坏可更换,但每件扣3分		
			2	对元器件不检测、不会检测,导致通电后元器件损坏或通电后察觉的元器件有问题可更换,但每件扣5分		
			3	试车前,电源线、负载线连接有误每项扣5分		
			4	属于接触不良、脱线、电器问题造成通电试车一次不成功扣5分		
			5	按下SB2,KM1线圈未能实现得电,扣10分		
			6	按下SB3,KM2线圈未能实现得电,扣10分		
			7	按下SB2,KM1线圈得电但未能实现自锁,扣10分		
			8	按下SB3,KM2线圈得电但未能实现自锁,扣10分		
			9	在KM2得电时,按下SB2,KM2未实现掉电,KM1未实现得电,扣10分		
			10	在KM1得电时,按下SB3,KM1未实现掉电,KM2未实现得电,扣10分		
			11	停止按钮未能实现功能,扣10分		
			12	通电试车时,未按考官指令进行操作,扣20分		

续表

序号	项目	配分		考核内容及评分标准	扣分	备注
三	安全文明	20分	1	考试过程中,出现不文明操作扣5分(工具使用不规范;喧哗取闹;穿戴不整)		
			2	考试过程中,违反考场相关规定扣5分		
			3	考试过程中,未经允许私自通电试车扣10分		
			4	考试结束后,发现有不文明操作行为扣10分(工具、仪表摆放凌乱;工位不整洁)		
			5	考试过程中,违反安全操作规程扣10分		
			6	上述情节严重,即时终止考核,扣20分		
时间记录		分钟		总成绩		

技能考试模拟试题卷二

本试卷满分250分,考试时间为50分钟

一、使用常用电工仪表测试基本的电气参数(30分)

使用万用表测量考试现场指定元件和模块的阻值:

1._____　　2._____　　3._____

二、三相异步电动机控制线路的安装与调试(220分)

任务要求:

(1)根据原理图选择相应的电气元件进行定位安装。

(2)根据原理图正确标识线号。

(3)对多股铜芯导线压接冷压针或冷压叉。

(4)根据原理图的控制线路部分连接线路,导线进入线槽。

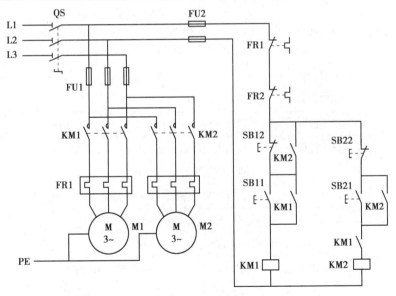

原理图

三、评分标准

电气控制线路安装评分表

序号	项目	配分		考核内容及评分标准	扣分	备注
一	电气控制线路安装接线	100分	1	考前检查过程中,经认定人为损坏或遗失元器件,每件扣2分		
			2	考前未仔细检查选用元件,在考试过程中申请更换的,每件扣2分		
			3	电气元件布局不合理、安装不正确、安装松动每处扣2分		
			4	考试过程中,因安装不当造成元件损坏的,每件扣5分		
			5	凡变更、简化电气控制线路的安装接线,每处扣5分		
			6	对多股铜芯导线未使用冷压针或冷压叉,冷压针或冷压叉使用不规范,每处扣1分		
			7	导线未安装紧固,每处扣1分		
			8	导线未进入线槽,每处扣1分		
			9	线槽外导线有交叉处,每处扣1分		
			10	线槽盖板未安装好,每处扣1分		
			11	按钮控制线长短不一,扣2分		
二	通电试车	100分	1	试车前对线路及电器进行检测,经允许,可紧固连线但不能更改接线,属元件问题经认定人为损坏可更换,但每件扣3分		
			2	对元器件不检测、不会检测,导致通电后元器件损坏或通电后察觉的元器件有问题可更换,但每件扣5分		
			3	试车前,电源线、负载线连接有误每项扣5分		
			4	属于接触不良、脱线、电器问题造成通电试车一次不成功扣5分		
			5	按下SB11,KM1线圈未能实现得电,扣10分		
			6	KM1得电后,按下SB21,KM2线圈未能实现得电,扣10分		
			7	KM1、KM2线圈得电但未能实现自锁,每处扣10分		
			8	按下SB22,KM2线圈未能实现掉电,扣10分		
			9	在KM2线圈未掉电的情况下,KM1线圈能掉电,扣10分		
			10	在KM2线圈已掉电的情况下,KM1线圈未能掉电,扣10分		
			11	通电试车时,未按考官指令进行操作,扣20分		

续表

序号	项目	配分		考核内容及评分标准	扣分	备注
三	安全文明	20分	1	考试过程中,出现不文明操作扣5分(工具使用不规范;喧哗取闹;穿戴不整)		
			2	考试过程中,违反考场相关规定扣5分		
			3	考试过程中,未经允许私自通电试车扣10分		
			4	考试结束后,发现有不文明操作行为扣10分(工具、仪表摆放凌乱;工位不整洁)		
			5	考试过程中,违反安全操作规程扣10分		
			6	上述情节严重,即时终止考核,扣20分		
时间记录		分钟		总成绩		

技能考试模拟试题卷三

本试卷满分 250 分,考试时间为 50 分钟

一、使用常用电工仪表测试基本的电气参数(30 分)

使用兆欧表测量考试指定三相异步电动机的相间电阻阻值,并判断绝缘是否合格。

1.$R_{u1-v1} =$ ＿＿＿＿＿＿　　2.$R_{u1-w1} =$ ＿＿＿＿＿＿　　3.$R_{w1-v1} =$ ＿＿＿＿＿＿

二、三相异步电动机控制线路的安装与调试(220 分)

任务要求:

(1)根据原理图选择相应的电气元件进行定位安装。

(2)根据原理图正确标识线号。

(3)对多股铜芯导线压接冷压针或冷压叉。

(4)根据原理图进行导线的连接,导线进入线槽。

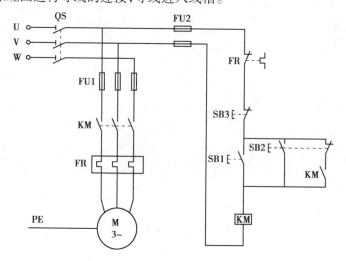

原理图

三、评分标准

电气控制线路安装评分表

序号	项目	配分		考核内容及评分标准	扣分	备注
一	电气控制线路安装接线	100分	1	考前检查过程中,经认定人为损坏或遗失元器件,每件扣2分		
			2	考前未仔细检查选用元件,在考试过程中申请更换的,每件扣2分		
			3	电气元件布局不合理、安装不正确、安装松动每处扣2分		
			4	考试过程中,因安装不当造成元件损坏的,每件扣5分		
			5	凡变更、简化电气控制线路的安装接线,每处扣5分		
			6	对多股铜芯导线未使用冷压针或冷压叉,冷压针或冷压叉使用不规范,每处扣1分		
			7	导线未安装紧固,每处扣1分		
			8	导线未进入线槽,每处扣1分		
			9	线槽外导线有交叉处,每处扣1分		
			10	线槽盖板未安装好,每处扣1分		
			11	按钮控制线长短不一,扣2分		
			12	主回路和控制回路所用导线的颜色进行区分,扣5分		
二	通电试车	100分	1	试车前对线路及电器进行检测,经允许,可紧固连线但不能更改接线,属元件问题经认定人为损坏可更换,但每件扣3分		
			2	对元器件不检测、不会检测,导致通电后元器件损坏或通电后察觉的元器件有问题可更换,但每件扣5分		
			3	试车前,电源线、负载线连接有误每项扣5分		
			4	属于接触不良、脱线、电器问题造成通电试车一次不成功扣5分		
			5	按下SB1,KM线圈未能实现得电,扣10分		
			6	按下SB1,KM实现得电但电机并未实现启动,扣10分		
			7	按下SB1,KM线圈实现得电,电机实现启动但未实现自锁,扣10分		
			8	按下SB2,KM线圈未能实现得电,扣10分		
			9	按下SB2,KM线圈实现得电但电机并未实现启动,扣10分		
			10	按下SB2,KM线圈实现得电,电机实现启动,若实现自锁,扣10分		
			11	停止按钮未能实现停止功能,扣10分		
			12	通电试车时,未按考官指令进行操作,扣20分		

续表

序号	项目	配分		考核内容及评分标准	扣分	备注
三	安全文明	20分	1	考试过程中,出现不文明操作扣5分(工具使用不规范;喧哗取闹;穿戴不整)		
			2	考试过程中,违反考场相关规定扣5分		
			3	考试过程中,未经允许私自通电试车扣10分		
			4	考试结束后,发现有不文明操作行为扣10分(工具、仪表摆放凌乱;工位不整洁)		
			5	考试过程中,违反安全操作规程扣10分		
			6	上述情节严重,即时终止考核,扣20分		
时间记录		分钟		总成绩		

技能考试模拟试题卷四

本试卷满分 250 分,考试时间为 50 分钟

一、使用常用电工仪表测试基本的电气参数(30 分)

使用万用表测量考试现场指定元件和模块的阻值:
1._____　2._____　3._____

二、照明与插座线路的安装与调试(220 分)

任务要求:

(1)根据如图所示原理图正确选择双控开关、单控开关、插座、线槽、负载(用灯泡代替)等在给定的安装用木板或网孔板上对元件进行定位安装。

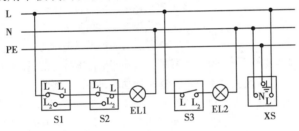

原理图

(2)根据原理图正确标识线号。

(3)对多股导线压接冷压针或冷压叉。

(4)根据原理图连接线路,导线进入线槽。

(5)照明与插座线路模拟故障维修(由监考老师现场任意选一个故障)。

照明与插座线路维修记录表

序号	故障现象	故障原因分析	故障点	维修方法
1	通电后,按下 S3 灯泡不亮			
2	通电后,S1 能控制灯泡的熄灭,但 S2 不能控制灯泡的熄灭			

三、评分标准

照明与插座线路安装评分表

序号	考试项目	考试内容及要求	配分	评分标准	扣分	备注
1	操作前	安全隐患检查	20	1.未检查操作工位及平台上是否存在安全隐患的,扣10分 2.操作平台上的安全隐患未处置的,扣10分		
2	操作中	安全操作规程	50	1.未经考评员同意,擅自通电的,扣10分 2.通、断电的操作顺序违反安全操作规程的,扣20分 3.刀闸(或断路器)操作不规范的,扣10分 4.考生在操作过程中,有不安全行为的,扣10分		
		安全操作技术	90	1.控制开关安装的位置不正确的,扣5分 2.S1、S2接线错误的,扣20分 3.插座接线不规范的,扣5分 4.未正确连接PE线的,扣5分 5.工作零线与保护零线混用的,扣10分 6.接线处露铜超出标准规定的,每处扣4分 7.压接头松动的,每处扣4分 8.电路板中的接线不合理、不规范的,扣10分 9.绝缘线用色不规范的,扣10分 10.接线端子排列不规范的,每处扣4分 11.工具使用不熟练或不规范的,扣5分		
3	操作后	操作完毕作业现场的安全检查	10	1.操作工位未清理、不整洁的,扣3分 2.工具及仪表摆放不规范的,扣2分 3.损坏元器件的,每个扣5分		
4	仪表使用	用兆欧表测量线路的绝缘电阻	30	1.兆欧表不会使用的或使用方法不正确的,扣15分 2.不会读数的,扣10分		
5	模拟故障维修	故障一(　　) 或 故障二(　　)	20	1.不会分析故障原因,扣5分 2.不能排除故障,扣15分		

续表

序号	考试项目	考试内容及要求	配分	评分标准	扣分	备注
6	否定项	否定项说明	扣除该题分数	1.考试过程中,出现喧哗取闹、穿戴不整等不文明操作扣 5 分 2.考试过程中,违反考场相关规定扣 5 分 3.考试过程中,未经允许私自通电试车扣 10 分 4.考试过程中,违反安全操作规程扣 10 分 5.上述情节严重,即时终止考核,扣 20 分		
	合计		220